机械识图与绘图习题集

（第2版）

主　编　凌　燕

副主编　张光铃　胡　胜

编　者（排名不分先后）

　　　　陈　杨　陈　琼　陈　焱

　　　　龚秀兰　胡　萍　王　英

　　　　陈　美

重庆大学出版社

图书在版编目(CIP)数据

机械识图与绘图习题集/凌燕主编. --2版. --重
庆:重庆大学出版社,2018.1(2024.8 重印)
中等职业教育机械类系列教材
ISBN 978-7-5624-5831-9

Ⅰ.①机… Ⅱ.①凌… Ⅲ.①机械图—识图—中等专
业学校—习题集②机械制图—中等专业学校—习题集
Ⅳ.①TH126-44

中国版本图书馆 CIP 数据核字(2018)第 000387 号

机械识图与绘图习题集

(第 2 版)

主　编　凌　燕
副主编　张光铃　胡　胜
策划编辑:彭　宁
责任编辑:文　鹏　杨跃芬　　版式设计:彭　宁
责任校对:邹　忌　　　　　责任印制:张　策

*

重庆大学出版社出版发行
出版人:陈晓阳
社址:重庆市沙坪坝区大学城西路 21 号
邮编:401331
电话:(023) 88617190　88617185(中小学)
传真:(023) 88617186　88617166
网址:http://www.cqup.com.cn
邮箱:fxk@ cqup.com.cn(营销中心)
全国新华书店经销
POD:重庆市圣立印刷有限公司

*

开本:787mm×1092mm　1/16　印张:15.5　字数:193千
2018 年 1 月第 2 版　　2024 年 8 月第 13 次印刷
ISBN 978-7-5624-5831-9　定价:45.00元

前　言

　　本书是《机械识图与绘图》的配套教学用书,以训练学生的识图能力为主,并从中等职业教育学生的认知规律出发,读画结合,以画促读,不断通过看图与画图的实践来锻炼学生的空间想象力,使其识图能力得到提高。

　　本书以三视图为中心,训练学生由二维空间到三维空间的转化能力;以图样的基本表达法为基础,让学生学习对零件的表达方式;以图样上的技术要求为补充,使学生对机械图样有综合全面的了解。

　　本书以项目、课题的形式编排,共有 6 个项目,14 个课题。在教学过程中,教师可根据自身情况选用适当项目与课题,学生用完成任务的方式学习,完成一个任务即获得一种能力。

　　由于编写时间仓促和编者水平有限,书中难免存在错误与缺点,恳请读者批评指正。

编　者
2010 年 10 月

目　　录

1

项目一　识绘图的基本知识与技能

课题一　熟悉图样

任务一　认识绘图工具及其正确使用

选择题:

(1)工程制造上彼此沟通、传递信息是靠(　　)。

　　A.文字　　　　　B.图样　　　　C.语言

(2)绘圆及圆弧的工具是(　　),量取长度及分割线段的工具是(　　),绘制不规则曲线的工具是(　　)。

　　A.分规　　　　　B.圆规　　　　C.曲线板

(3)下列关于铅笔的描述,正确的是(　　)。

　　A.HB 铅笔比 2B 铅笔软。

　　B.铅笔应从有等级记号的一端开始削。

　　C.书写文字的铅笔尖端应削成锥形。

任务二　图纸幅面和标题栏

填空题:

(1)国家标准简称_____。

(2)基本幅面有_____;由一张 A0 图纸可裁切 A3 纸_____张。

(3)图框应由_____线绘制,标题栏位于图框的_____角。

(4)需装订的图纸,装订边留_____mm;不需装订的 A2 图纸,图框距图纸边缘_____mm。

任务三　图样的字体和比例

1.填空题:

(1)图样中汉字的字体为_____,数字及字母为_____。

(2)比例分为_____、_____和_____;

　　1:2为_____比例,表示图形为实物的_____倍;

　　2:1为_____比例,表示图形为实物的_____倍。

2.字体练习:

机械制图学校班级姓名

1234567890

任务四　图样的线型

1.填空题。

　　零件的可见轮廓由_____线绘制;不可见轮廓由_____线绘制;对称中心线由_____线绘制;标注尺寸时,尺寸界线和尺寸线由_____线绘制。

2.线型练习。

(1)按1:1的比例抄画图线。

(2)按1:1的比例抄画下列平面图形。

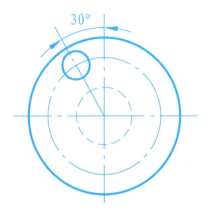

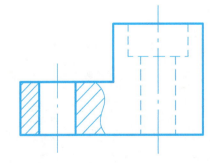

任务五　图样的尺寸

1. 在给定尺寸线上画上箭头并标注尺寸(数字由图中量取整数)。

(1) 长度　　　　　　　　　　(2) 角度

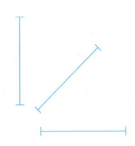
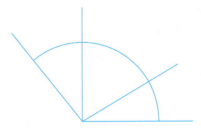

(3) 圆　　　　　　　　　　　(4) 圆弧

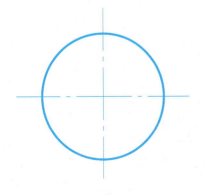
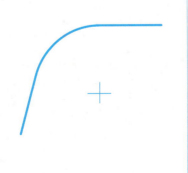

2. 给下列平面图形标注尺寸(数字由图中量取整数)。

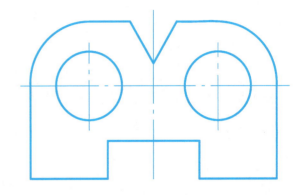

课题二　平面图形的画法

任务六　线段和圆的等分

1. 将线段 *AB* 分成五等份。

A _____ B

2. 作圆的内接正六边形。

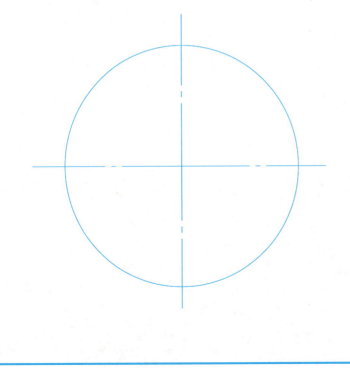

3. 作圆的内接正五边形。

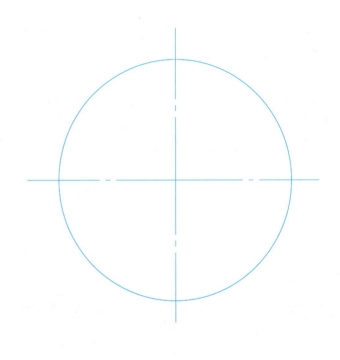

任务七　斜度和锥度的画法与标注

1.按照示例,作斜度并标注。

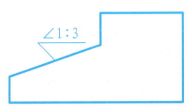

2.按照示例,作锥度并标注。

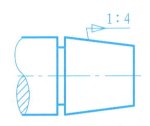

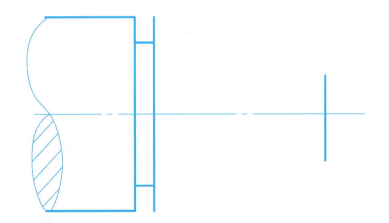

任务八　常见的3种圆弧连接

用给定半径 **R**,按照示例完成圆弧连接。

(1)两直线相连

示例

(2)两圆弧相连

示例

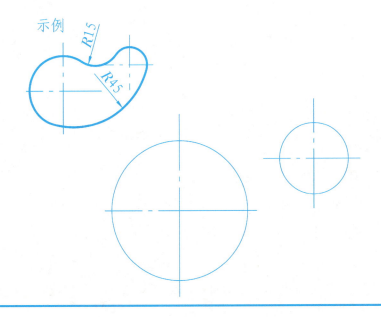

(3)

示例

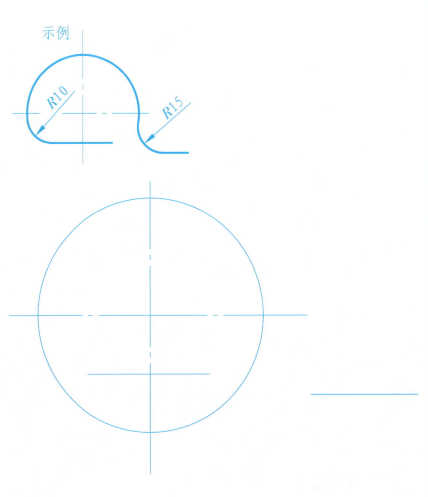

任务九　平面图形的识读分析与绘制

1.按照示例抄画下列平面图形(比例1:1,不标注尺寸)。

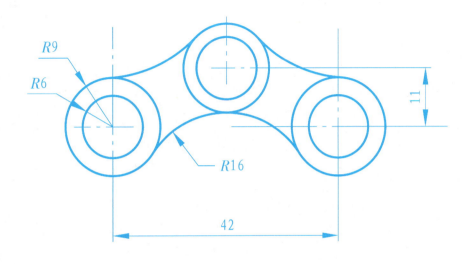

2. 按照示例抄画下列平面图形(比例1:1,不标注尺寸)。

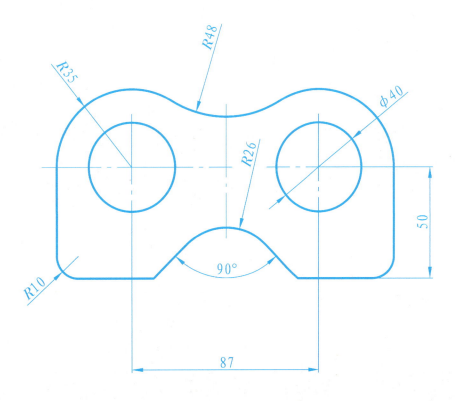

3. 按照示例抄画下列平面图形(比例 1:1,不标注尺寸)。

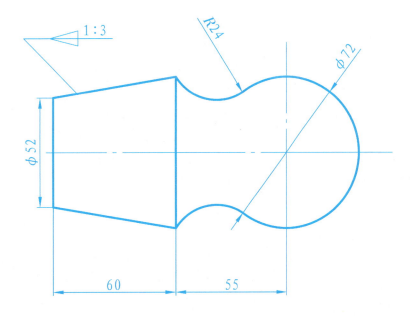

4.按照示例抄画下列平面图形(比例1:1,不标注尺寸)。

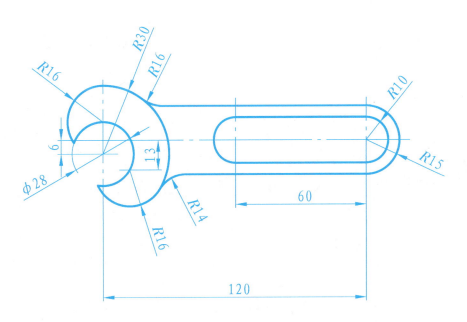

任务十　徒手绘图的方法

在右边网格中徒手绘制下列示例图形。

(1)

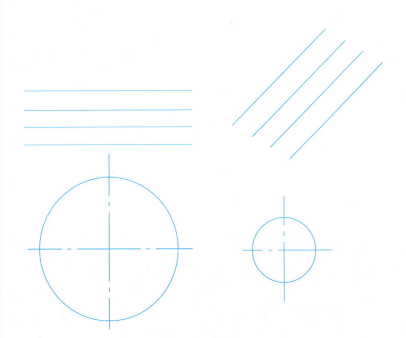

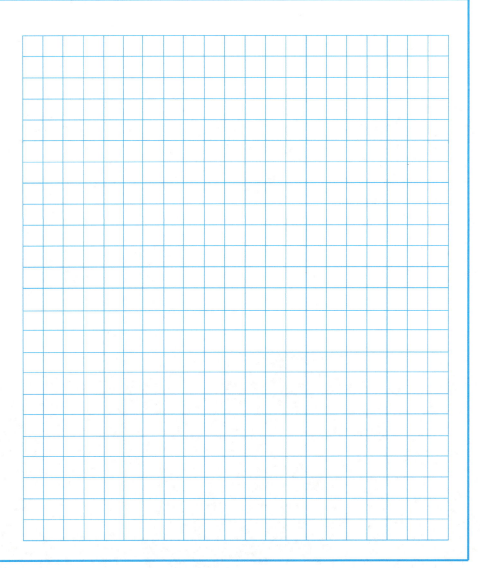

在右边网格中徒手绘制下列示例图形。

(2)

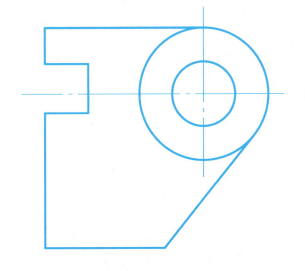

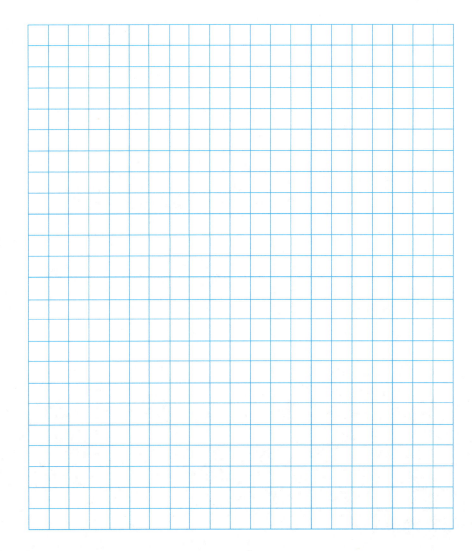

项目二　形体的三视图

课题三　投影基础

任务一　正投影的基本性质和三视图的投影规律

填空题：

(1)正投影的基本性质是＿＿＿＿＿＿＿；＿＿＿＿＿＿；
　　＿＿＿＿＿＿＿。

(2)三视图的投影规律是＿＿＿＿＿＿＿、＿＿＿＿＿＿＿
　　和＿＿＿＿＿＿＿。

(3)在三视图中填写视图名称及尺寸的长、宽、高3个方向。

(　　)视图　　　(　　)视图

(　　)视图

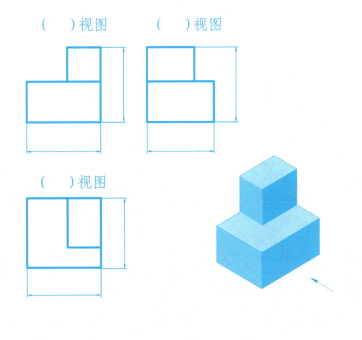

(4)在下列视图中填写三视图的方位。

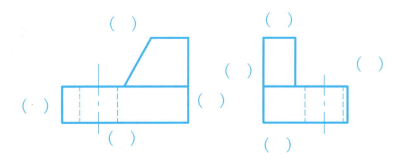

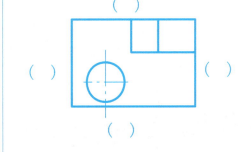

13

任务二　点的投影

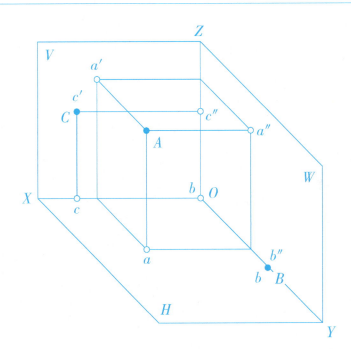

1. 在直观图中量出各点到投影面的距离填入表中。

	X	Y	Z
A点			
B点			
C点			

2. 画出点的三面投影图。

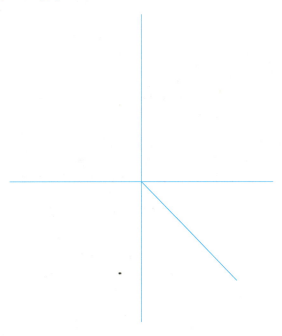

3. 填空。

　　A 点比 B 点_____（前、后）；

　　C 点比 A 点_____（高、低）；

　　B 点比 C 点_____（左、右）。

任务三　直线的投影

1. 已知 $A(12,15,26)$，$B(20,15,10)$，求作直线 AB 的三面投影并填空。

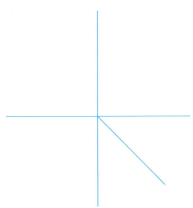

　AB 为_____线。

2. 已知 AB 的两面投影，求第三面投影并填空。

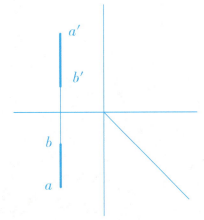

　AB 直线称为_____线。

3. 已知 AB 为铅垂线，实长为 17 mm，求 AB 的三面投影。

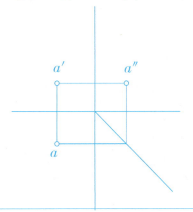

任务四　平面的投影

1. 已知平面的两面投影，求第三面投影并填空。

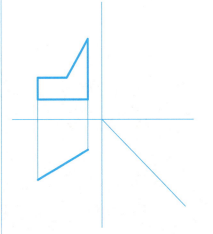

　该平面为_____面。该平面为_____面。

2.已知一正平面距 *V* 面 15 mm,求其三面投影。

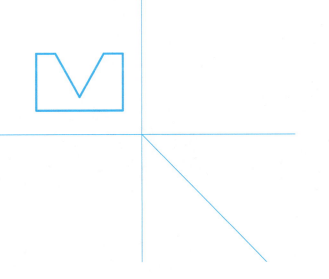

线面综合练习

1.根据立体图填空。

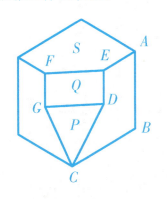

P 面为_____面;

Q 面为_____面;

S 面为_____面。

AB 为_____线;

EF 为_____线;

CD 为_____线;

CG 为_____线。

2.参照立体图,作出 *AB*,*CD* 直线的另两面投影,并填空。

(1)

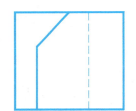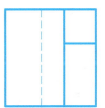

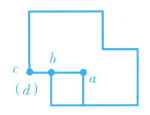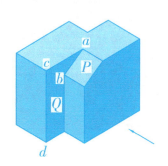

直线 *AB* 是_____线;

直线 *CD* 是_____线;

P 平面是_____面;

Q 平面是_____面。

(2)

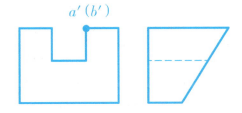

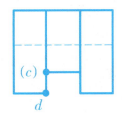

直线 AB 是_____线；

直线 CD 是_____线；

P 平面是_____面；

Q 平面是_____面。

(3)

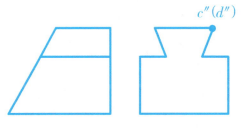

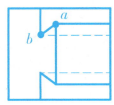

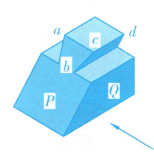

直线 AB 是_____线；

直线 CD 是_____线；

P 平面是_____面；

Q 平面是_____面。

(4)

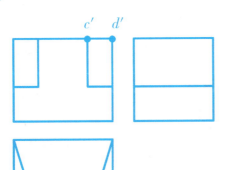

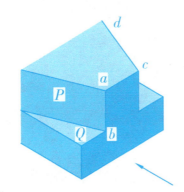

直线 *AB* 是_____线；

直线 *CD* 是_____线；

P 平面是_____面；

Q 平面是_____面。

课题四　基本几何体及切口体视图的识读

1.已知两视图,求第三视图及表面上点的投影,并标注尺寸(尺寸从三视图中量取整数)。

(1)

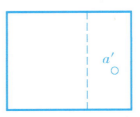

(2)

(3)

(4)

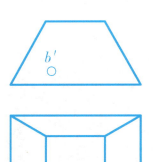

(5)

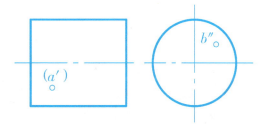

(6)

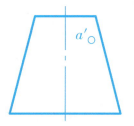

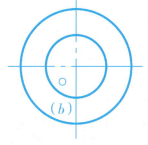

(7)

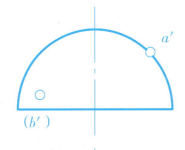

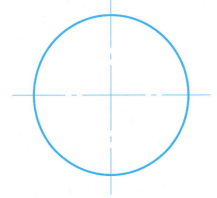

2. 按给定条件,参照立体图画出基本几何体的三视图。

(1)六棱柱的高为 26 mm,外接圆直径为 φ40。

	任务十一　棱柱体型切口体的投影分析(任务五至任务十略)。
(2)圆锥上底直径为 φ28,下底直径为 φ46,高度为35。	参照立体图,完成切口体三视图。

(1)

(2)

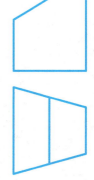

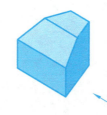

任务十二　棱锥体型切口体的投影分析

参照立体图,完成切口体三视图。

(1)

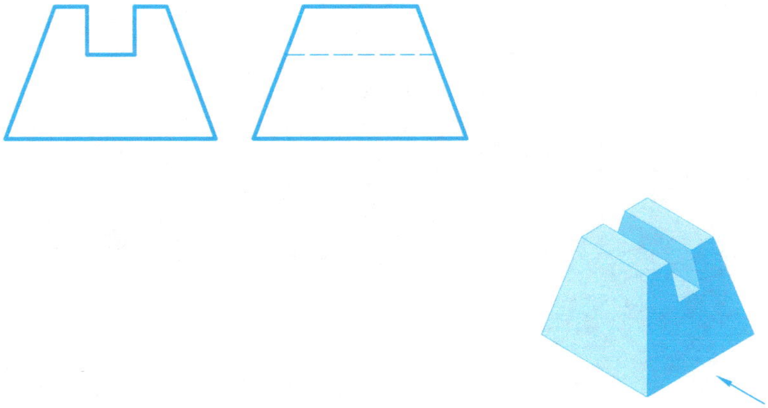

(2)

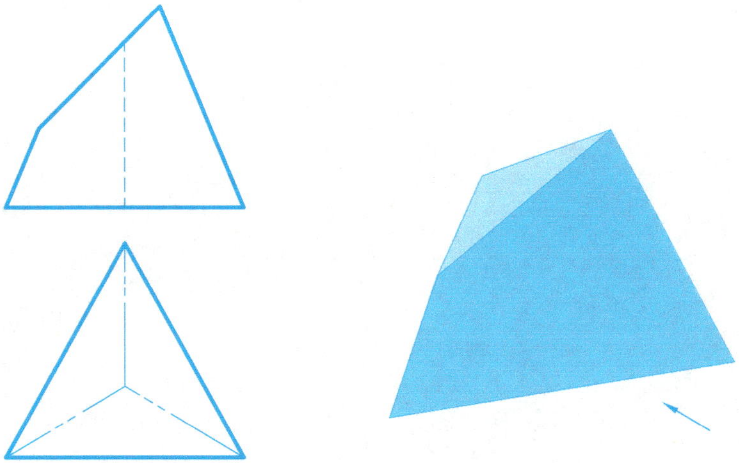

任务十三　圆柱体型切口体的投影分析

参照立体图,完成切口体三视图。

(1)

(2)

22

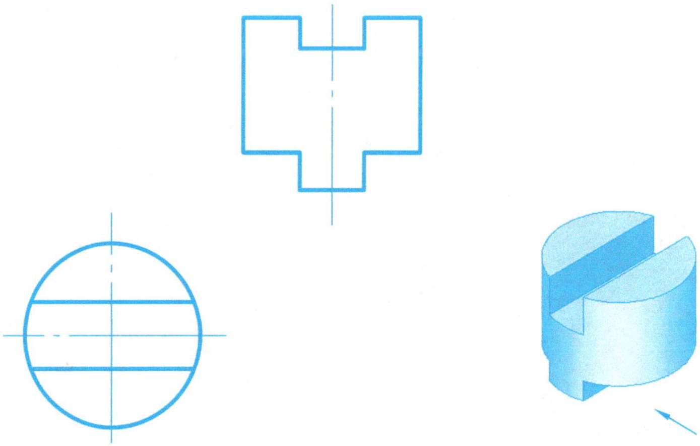

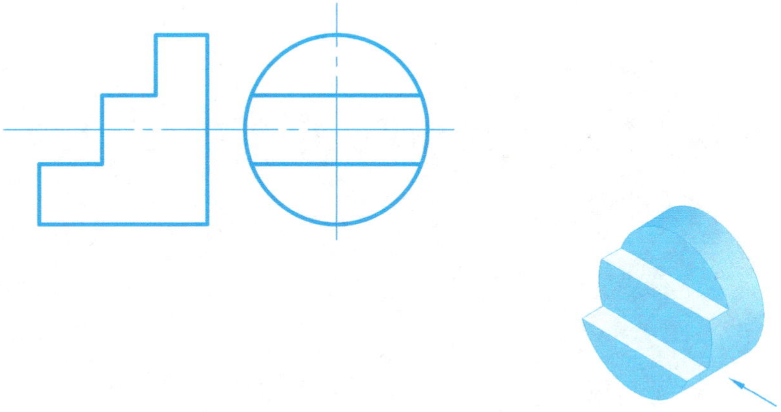

任务十四　圆锥体型切口体的投影分析	任务十六　识读基本几何体投影的综合实例

任务十四　圆锥体型切口体的投影分析

参照立体图,完成切口体三视图。

任务十五　圆球型切口体的投影分析

参照立体图,完成切口体三视图。

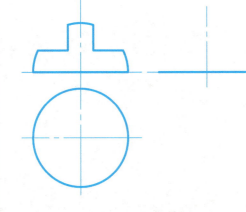

任务十六　识读基本几何体投影的综合实例

已知两视图补画第三视图,并写出基本几何体的名称。

(1)

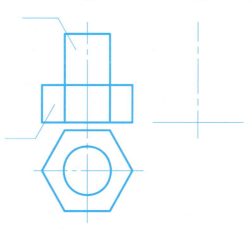

(2)

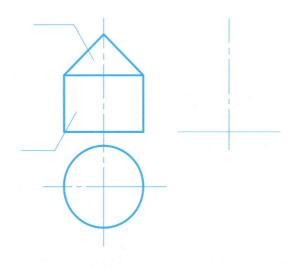

课题五　组合体视图的识读

任务十七　组合体的组合形式

(1)根据三视图及对应立体图填空：

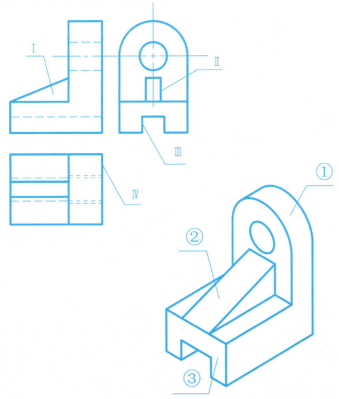

形体①在②的＿＿＿＿＿＿（左、右）；

形体③在①的＿＿＿＿＿＿（上、下）；

Ⅰ面在Ⅳ面的＿＿＿＿＿＿（左、右）；

Ⅱ面在Ⅲ面的＿＿＿＿＿＿（前、后）。

(2)分析表面交线的情况并填空：

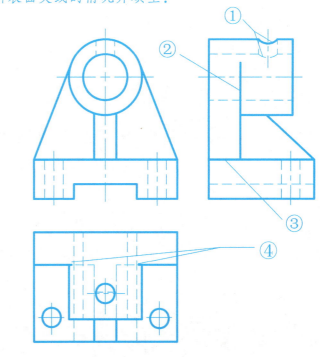

①是＿＿＿＿＿面与＿＿＿＿＿面相切，＿＿＿＿（有、无）交线；

②是＿＿＿＿＿面与＿＿＿＿＿面相交，＿＿＿＿（有、无）交线；

③是＿＿＿＿＿面与＿＿＿＿＿面相交，＿＿＿＿（有、无）交线；

④是＿＿＿＿＿面与＿＿＿＿＿面相交，＿＿＿＿（有、无）交线。

任务十八　组合体视图的画法

1. 由立体图补画三视图中所缺部分(尺寸由立体图中量取,取整数)。

(1)

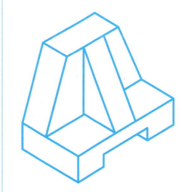

(2)

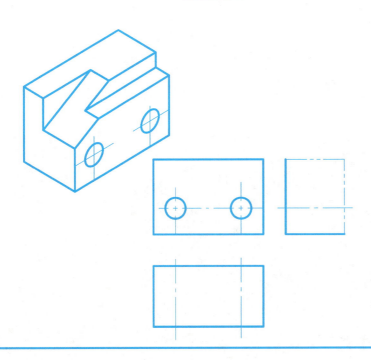

2. 根据立体图绘制三视图(尺寸由图中量取,取整数)。

(1)

(2)

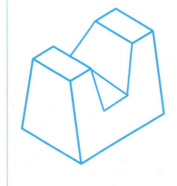

任务十九　看组合体的视图

（3）

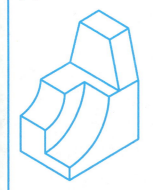

（4）

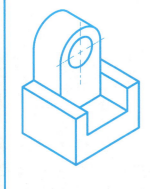

1. 已知立体图,选择对应的三视图并填表。

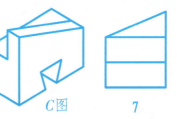

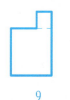

A图　　　1　　　2　　　3

B图　　　4　　　5　　　6

C图　　　7　　　8　　　9

	主视图	左视图	俯视图
A 图			
B 图			
C 图			

2. 将三视图中所示平面在立体图中涂黑。

（1）

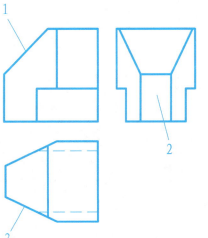

（2）

任务二十　组合体的尺寸标注

1. 根据立体图绘制三视图并标注尺寸。

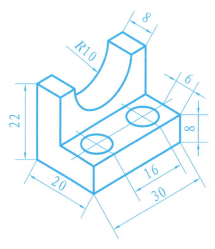

2. 指出图中多余尺寸，补上遗漏尺寸。

（1）

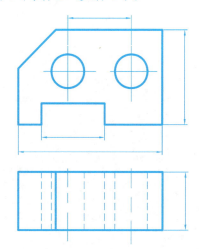

(2)

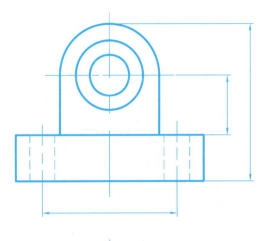

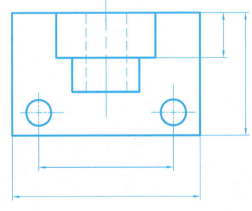

(3)

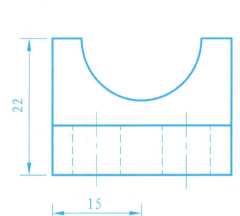

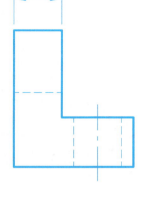

8

22

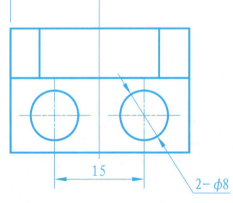

15

15

2-$\phi 8$

任务二十一　常见相贯体的投影及相贯线的简化画法

1.根据立体图补画图中的相贯线。

（1）

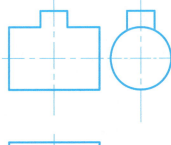
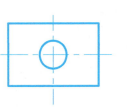

（2）

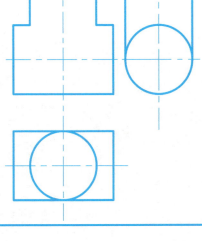
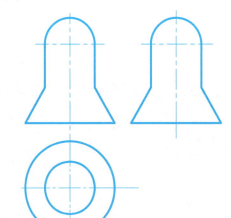

2.根据立体图绘制三视图(尺寸由图中量取,取整数)。

（1）

（2）

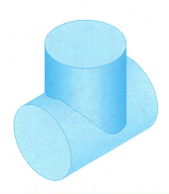

任务二十二　补视图和补缺线

1.已知两视图选择对应立体图填空,并补画所缺视图。

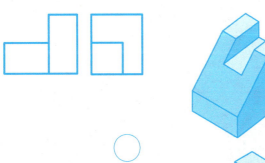

A

B

C

2.根据两视图补画第三视图。

(1)

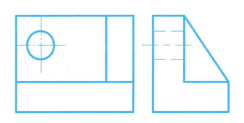

(2)

（3）

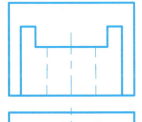

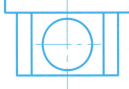

（4）

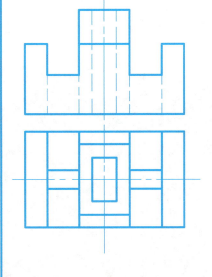

（5）

（6）

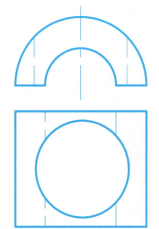

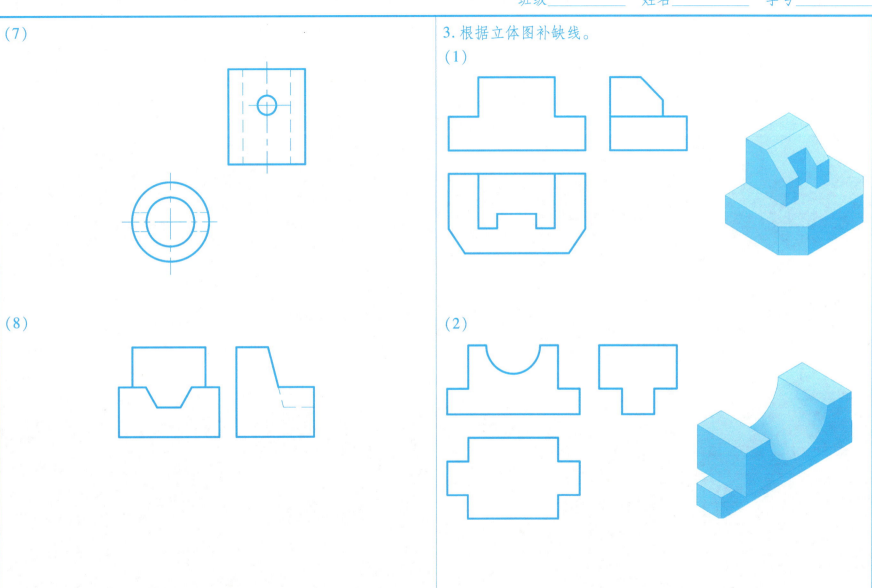

(7)

(8)

3. 根据立体图补缺线。

(1)

(2)

班级_____ 姓名_____ 学号_____

4. 根据已知视图补缺线。

(1)

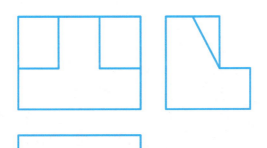

(2)

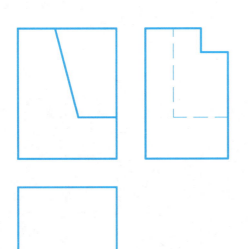

(3)

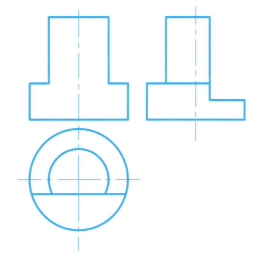

(4)

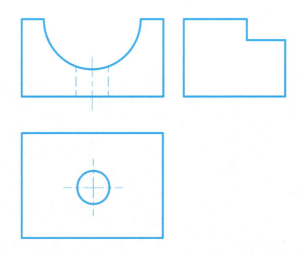

课题六　轴测图的画法

任务二　正等轴测图的画法(任务一略)

根据已知视图,画正等轴测图。

(1)

(2)

(3)

(4)

*(5)

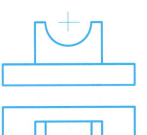

*(6)

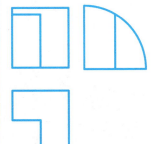

任务三　斜二等轴测图的画法

(1)

(2)

(3)

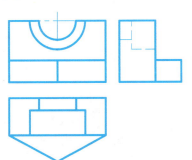

参照两视图,在右侧绘制轴测草图。

(1)

(2)

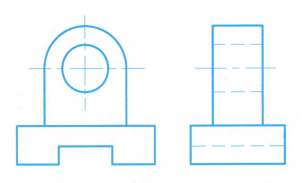

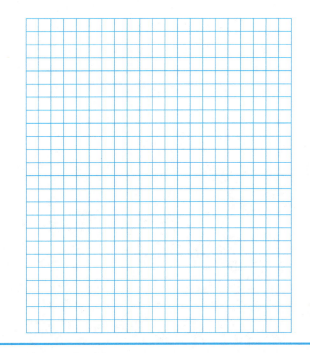

课题七 零件外部形状的表达

任务一 基本视图和向视图

1.参照立体图补画其他基本视图。

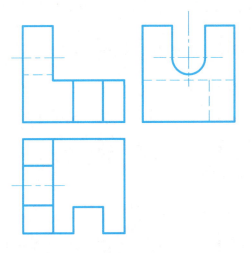

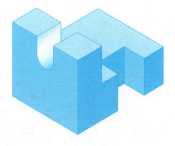

2.参照立体图,画出给定方向的视图。

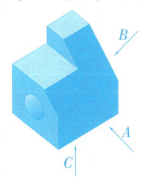

A   B   C

任务二　局部视图和斜视图

1.画出 A 向局部视图。

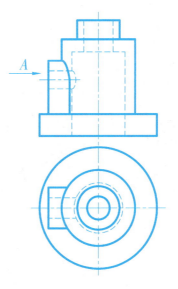

2. 参照立体图,画出局部视图和斜视图(尺寸由立体图量取,取整数)。

课题八　零件内部形状的表达
任务三　剖视图的形成及画法
参照立体图画全剖的主视图(尺寸由图中量取,取整数)。

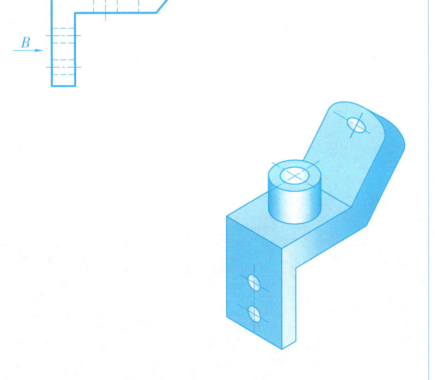

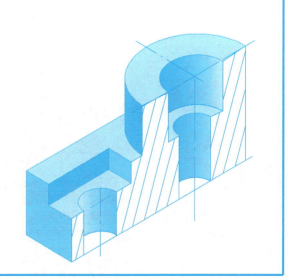

任务四　剖视图的种类

1. 将主视图改画成全剖视图。

(1)

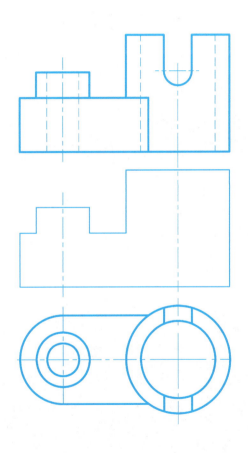

(2)

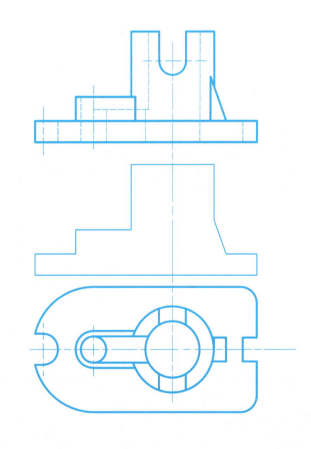

2.将主视图改画成半剖视图。

（1）

（2）

（3）

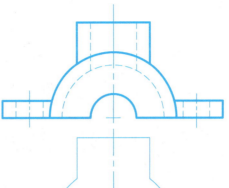
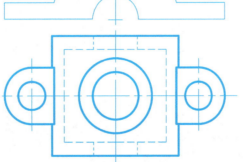
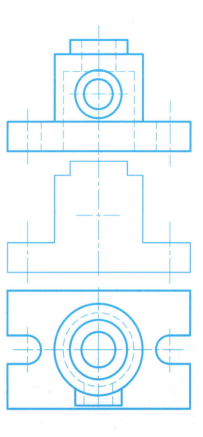

3.看懂主俯视图,在适当的位置作局部剖视图。

（1）

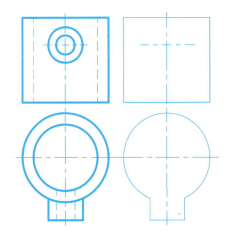

（2）

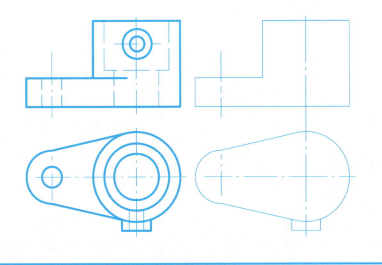

任务五　剖切面的种类

1.将主视图改画成剖视图并标注剖切符号。

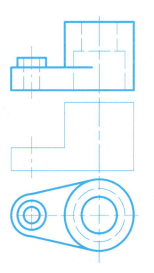

2.画出 $A—A$ 剖视图。

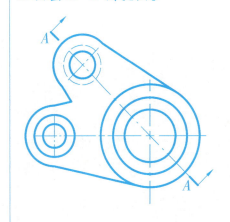

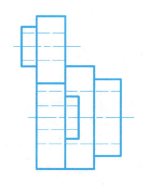

3.选择适当的剖切平面画剖视图,并标注剖切符号。

（1）

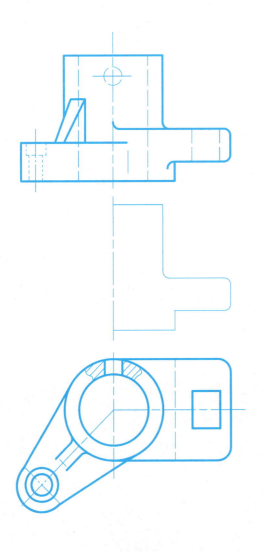

（2）

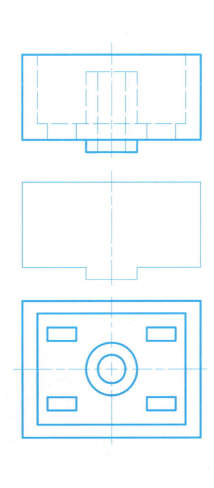

4. 补齐半剖视图中所缺图线。

(1)

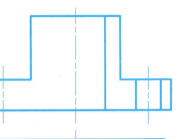

(2)

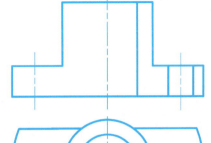

(3)

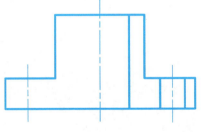

(4)

(5)

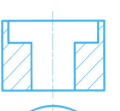

(6)

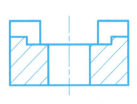

(7)

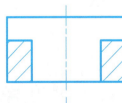

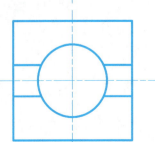

课题九　零件断面形状的表达

任务六　移出断面图的画法及识读

1.选择正确的断面图。

(1)

（　　）

A　　　　　B　　　　　C　　　　　D

(2)

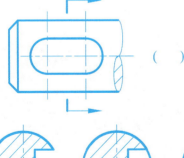

（　　）

A　　　　　B　　　　　C　　　　　D

2.画出指定位置的移出断面图并进行标注。

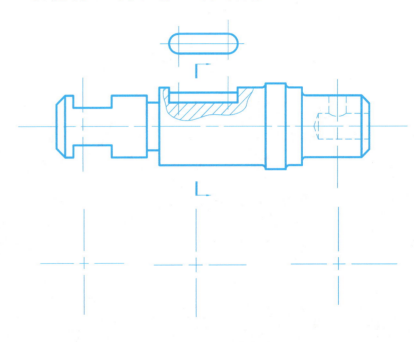

3.画出 *A—A* 移出断面图。

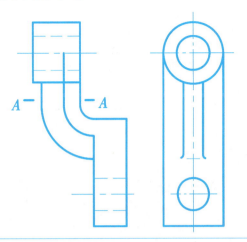

任务七　重合断面图的画法及识读

画出肋板的重合断面图。

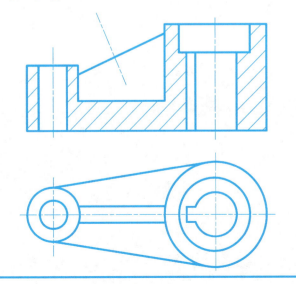

课题十　局部放大图和简化画法的应用

1.画出全剖的主视图。

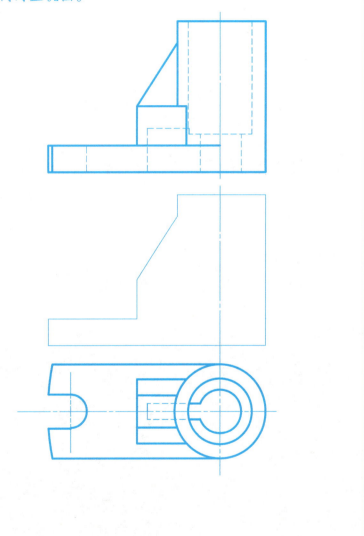

2. 按相同要素的简化方法,在下边画出简化后的图形。

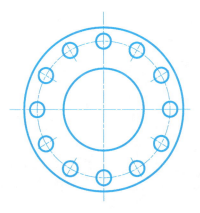

3. 按对称要素的简化方法,在下边画出简化后的图形。

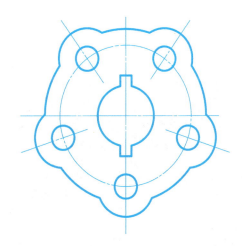

任务十　识读零件表达方法的综合实例(任务八和任务九略)

1.看图回答问题。

(1)A—A 是＿＿＿＿＿＿＿视图,B—B 是＿＿＿＿＿＿＿视图,C—C 是＿＿＿＿＿＿＿视图,D 向是＿＿＿＿＿＿＿视图；

(2)主视图是采用＿＿＿＿＿＿＿的剖切平面画出的＿＿＿＿＿＿＿视图；

(3)俯视图是＿＿＿＿＿＿＿视图,左边采用了＿＿＿＿＿＿＿。

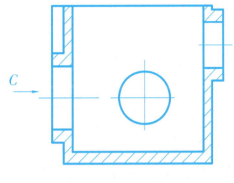

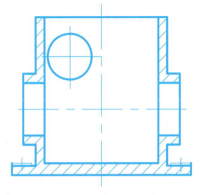

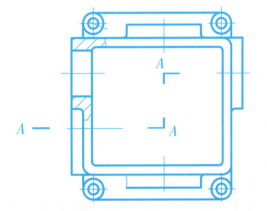

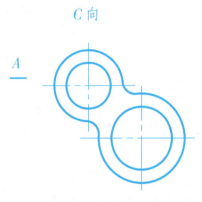

2.看图回答问题。

(1)A—A 是＿＿＿＿＿＿＿视图，C 向是＿＿＿＿＿＿＿视图,左视图的剖切平面是通过＿＿＿＿＿＿＿部位剖切的；

(2)主视图是采用＿＿＿＿＿＿＿＿＿的剖切平面画出的＿＿＿＿＿＿＿＿＿视图；

(3)俯视图采用了＿＿＿＿＿＿＿＿＿＿＿视图。

课题十一　零件标准结构的表达及画法

任务二　螺纹的规定画法(任务一略)

找出图中螺纹画法的错误并改正。

(1)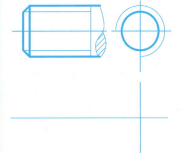

(2)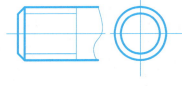

(3)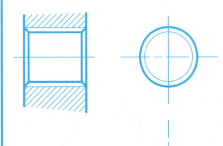

(4)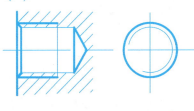

找出图中螺纹连接画法的错误并改正。

(1)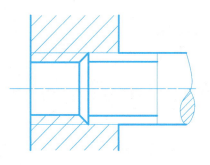

(2)

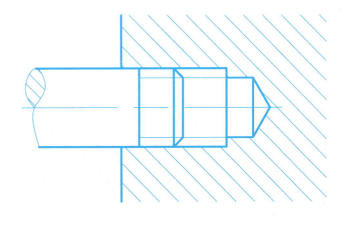

任务三　常用螺纹紧固件及其联接

1. 找出下面螺栓联接中的漏线并补充完整。

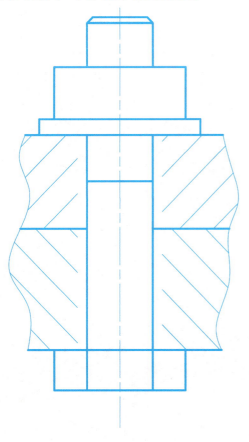

*2. 按下图结构选配一副螺栓,画出螺栓联接图。

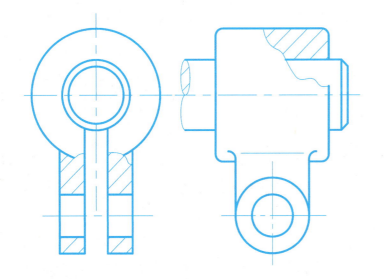

任务四　螺纹的标注

根据给出的螺纹类型及有关数据,完成下列各图的螺纹标注。

(1)粗牙普通螺纹:公称直径 20 mm,螺距 2.5 mm,右旋,中径公差带代号为 5 g,顶径公差带代号为 6 g,中等旋合长度。

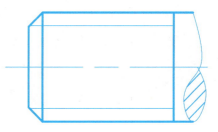

(2)细牙普通螺纹:公称直径 20 mm,螺距 2 mm,左旋,中径与顶径公差带代号为 7H,短旋合长度。

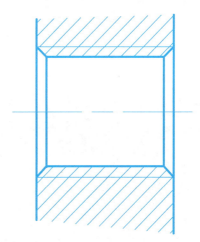

(3) 梯形螺纹：公称直径 26 mm，螺距 5 mm，双线，右旋。

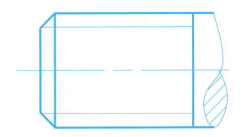

(4) 55 度非密封管螺纹，尺寸代号 1/2，公差等级 A。

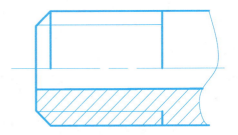

任务五　键联接和销联接

画全下面的键、销联接图。

(1) 平键联接。　　　　　　　　　(2) 半圆键联接。

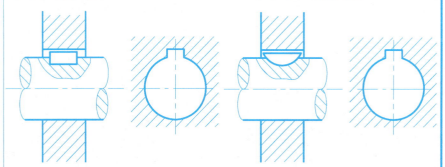

(3) 用 1：1 的比例完成 d = 6 mm、A 形圆锥销的联接图。

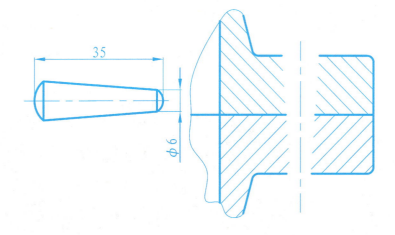

任务七　直齿圆柱齿轮的规定画法(任务六略)

1.已知直齿圆柱齿轮的齿数 $z=44$,模数 $m=2.5$,完成两视图。

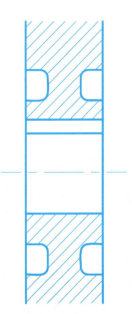

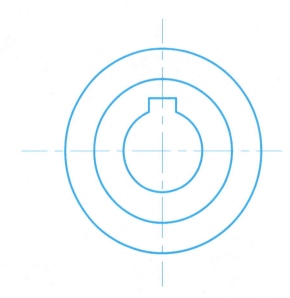

2. 一对互相啮合的直齿圆柱齿轮（数据如表），计算后，按规定画出一对齿轮的啮合图，并标注尺寸。

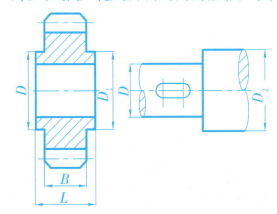

齿轮	模数 m	齿数 z	轴径 D	齿宽 B	轮毂 D_1	轮毂长 L	台阶轴径 D_2
1	2	24	$\phi22$	$6m$	$2D$	$1.5D$	$1.2D$
2	2	20	$\phi18$	$8m$			

任务八　滚动轴承的画法	任务九　弹簧的画法(任务十和任务十一略)

任务八　滚动轴承的画法

1. 解释下列滚动轴承代号的含义。

(1) 滚动轴承 6305 (GB/T 276—1994)

内径：_____

轴承类型：_____

(2) 滚动轴承 31306 (GB/T 297—1994)

内径：_____

轴承类型：_____

(3) 滚动轴承 51208 (GB/T 301—1994)

内径：_____

轴承类型：_____

*2. 画出轴肩处的滚动轴承(规定画法)。

深沟球轴承 6204 (GB/T 276—1994)

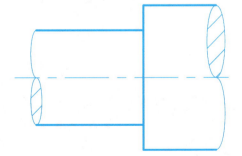

任务九　弹簧的画法(任务十和任务十一略)

*已知圆柱螺旋压缩弹簧的簧丝直径 $d = 10$ mm,中径 $D_2 = 44$ mm,节距 $t = 16$ mm,自由高度 $H_0 = 130$ mm,有效圈数 $n = 7.5$,支承圈数 $N_2 = 2.5$,右旋,用 $1:1$ 比例画出弹簧的全剖视图。

课题十二　图样上的技术要求

| 任务二　极限与配合(任务一略) | 任务三　形状公差 |

任务二　极限与配合(任务一略)

解释配合代号含义并填空,查出零件的偏差值并在零件图中标注。

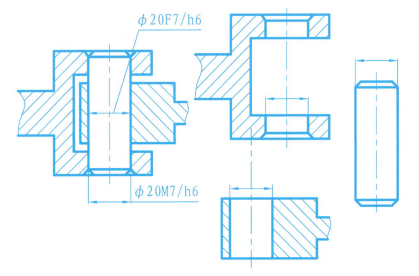

$\phi20F7/h6$

$\phi20M7/h6$

配合代号		基本偏差	公差等级	上偏差	下偏差	最大极限尺寸	最小极限尺寸	公差	配合类型
$\phi20F7/h6$	孔								
	轴								
$\phi20M7/h6$	孔								
	轴								

任务三　形状公差

将文字描述的形状公差标注到下列图中。

(1)顶面的平面度公差为0.03。

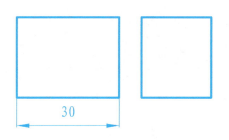

30

(2)$\phi50g6$ 的圆柱度公差为0.01。

$\phi50g6$

任务四　位置公差

1. 将文字描述的形状公差标注到下列图中。

(1) 宽 20 槽的中心平面对长为 40 的长方体的中心平面的对称度公差为 0.06。

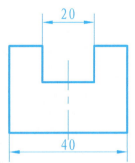

(2) φ50 轴的轴线对 φ35 轴的轴线的同轴度公差为 0.02。

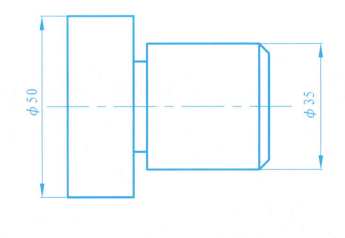

2. 解释下列形位公差的意义。

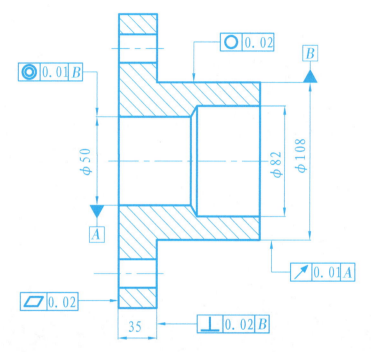

⟨○ 0.02⟩的含义是_____。

⟨▱ 0.02⟩的含义是_____。

⟨◎ 0.01 B⟩的含义是_____。

⟨⊥ 0.02 B⟩的含义是_____。

⟨↗ 0.01 A⟩的含义是_____。

任务五　表面粗糙度

按要求将表面粗糙度代号标注在图中。

参照立体图,标注下列零件尺寸。

(1) 左右侧面要求 R_a 最大允许值为 3.2 μm,上下侧面要求 R_a 最大允许值为 6.3 μm,孔表面要求 R_a 最大允许值为 1.6 μm。

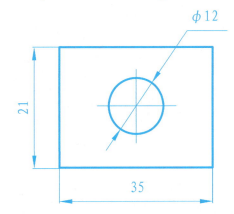

(2) 已知齿轮各表面的粗糙度要求为:齿侧 R_a 最大允许值为 0.8 μm,键槽两侧面 R_a 最大允许值为 3.2 μm,槽底 R_a 最大允许值为 3.2 μm,轴孔 R_a 最大允许值为 6.3 μm,其余表面 R_a 最大允许值为 12.5 μm。

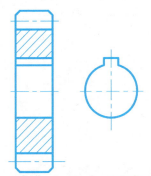

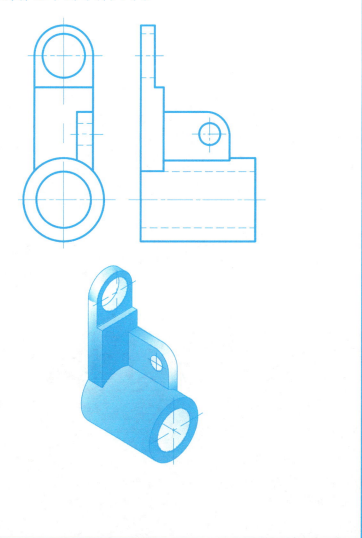

课题十三　零件图的识读

任务六　轴套类零件的识读

1. 识读隔套零件图,并回答下列问题。

(1)该零件图的内容包括_____、_____、
_____、_____。

(2)该零件的名称是_____,采用的材料是
_____,比例为_____。

(3)主视图符合零件的_____位置,并采用了
_____剖视。

(4)$\phi30H7$的基本尺寸是_____,上偏差为
_____,下偏差为_____,公差值为
_____。

(5)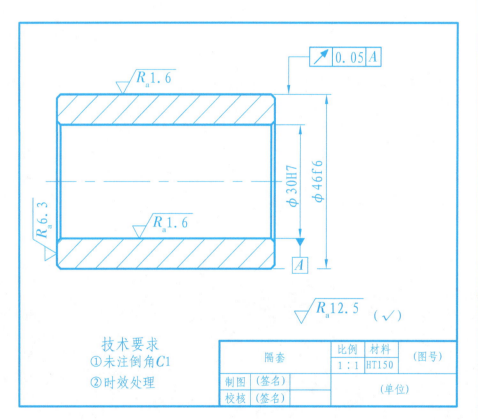0.05 A的被测要素是_____,基准要素是
_____,公差项目是_____,公差值为
_____。

技术要求
①未注倒角$C1$
②时效处理

隔套		比例	材料	(图号)
		1：1	HT150	
制图	(签名)			(单位)
校核	(签名)			

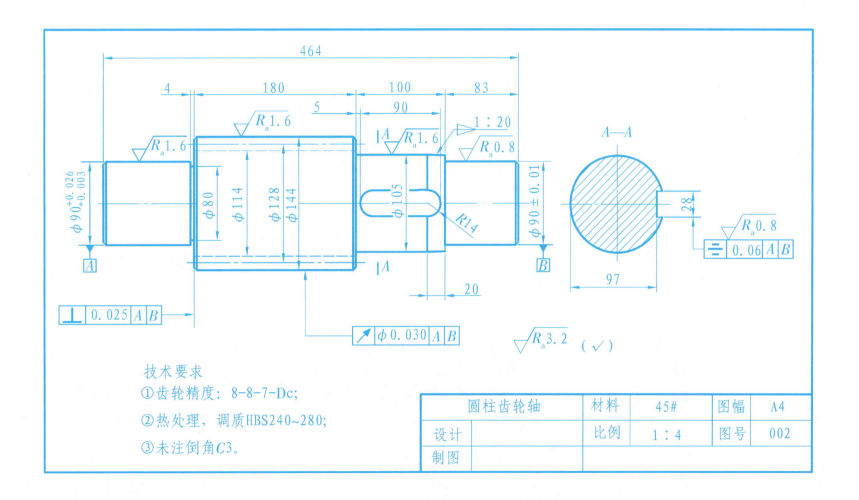

技术要求

① 齿轮精度：8-8-7-Dc；

② 热处理，调质HBS240~280；

③ 未注倒角C3。

圆柱齿轮轴		材料	45#	图幅	A4
设计		比例	1：4	图号	002
制图					

2. 识读圆柱齿轮轴零件图,并回答下列问题。

(1) 该零件的名称是_____,材料是_____,比例是_____。

(2) 该零件共用了_____个图形来表达零件,A—A 为_____视图。

(3) 轴右端键槽的长度是_____,宽度是_____,深度是_____,定位尺寸是_____,键槽两侧表面粗糙度是_____。

(4) 图中未注倒角的尺寸是_____,未注表面粗糙度符号的表面其 Ra 值是_____。

(5) 尺寸 $\phi 90^{+0.026}_{+0.003}$ 的基本尺寸是_____,最大极限尺寸是_____,最小极限尺寸是_____,公差值是_____。

(6) 图中框格 $\boxed{\nearrow\ \phi 0.030\ |A|B}$ 表示被测要素是_____,基准要素是_____和_____的公共轴线,位置公差项目是_____,公差值为_____,槽底为_____。

3. 识读套筒零件图,并回答下列问题。

(1) 该零件为_____类零件,主视图符合零件的_____位置。

(2) 除主视图外,采用_____图表示_____;采用_____图表示_____。

(3) 该零件左端有_____个_____孔,_____为 8,_____深 10,_____深 12。

(4) $\phi 95h6$ 圆柱的表面粗糙度用_____材料的方法获得 R_a 的上限值为_____。

(5) 查表求极限偏差:$\phi 95h6$(_____),$\phi 60H7$(_____)。

(6) 画出 B—B 断面图。

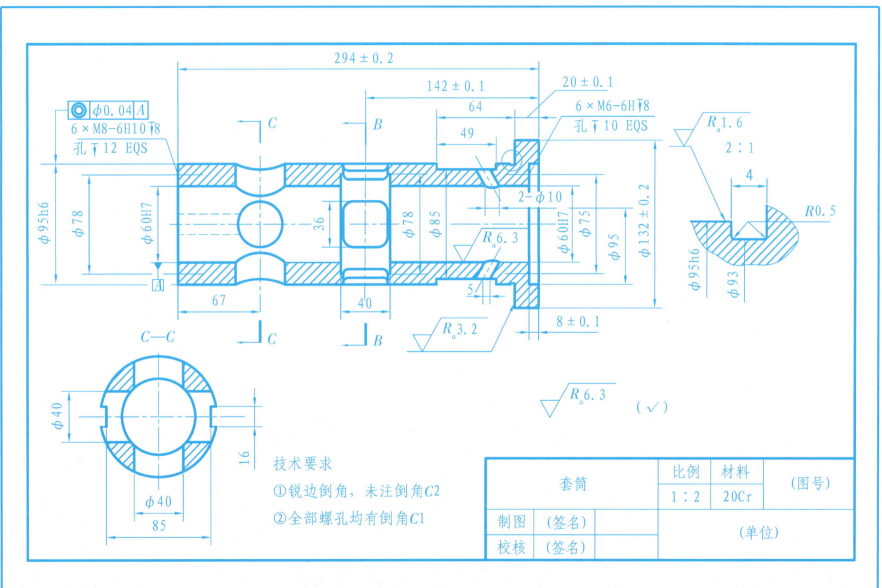

294 ± 0.2

142 ± 0.1

20 ± 0.1

64

◎ ϕ0.04 A

6 × M8-6H10 ↧8

孔 ↧ 12 EQS

6 × M6-6H ↧8

孔 ↧ 10 EQS

49

R_a1.6

2 : 1

C

B

4

2-ϕ10

R0.5

ϕ95h6

ϕ78

ϕ60H7

36

ϕ78

ϕ85

R_a6.3

ϕ60H7

ϕ75

ϕ95

ϕ132 ± 0.2

ϕ95h6

ϕ93

A

67

40

5

R_a3.2

8 ± 0.1

C

B

C—C

R_a6.3

(✓)

ϕ40

ϕ40

16

85

技术要求

①锐边倒角，未注倒角C2

②全部螺孔均有倒角C1

	套筒	比例	材料	(图号)
		1 : 2	20Cr	
制图	(签名)			(单位)
校核	(签名)			

任务七　轮盘类零件的识读

1. 识读带轮零件图,并回答下列问题:

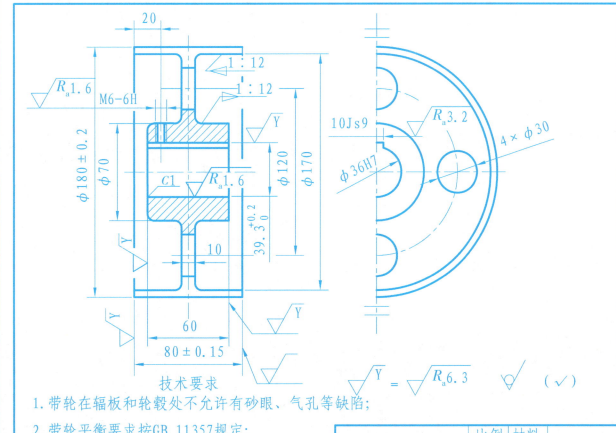

技术要求
1. 带轮在辐板和轮毂处不允许有砂眼、气孔等缺陷;
2. 带轮平衡要求按GB 11357规定;
3. 未注圆角R3~R5。

带轮	比例	材料	(图号)
	1：2	HT150	
制图 (签名)			(单位)
校核 (签名)			

$$\sqrt{Y} = \sqrt{R_a6.3} \qquad \sqrt{} \quad (\checkmark)$$

(1) 该零件采用了_____个视图表达,主视图采用了_____视图,左视图为_____画法。

(2) 带轮中的键槽长为_____mm,宽为_____mm,顶面的表面粗糙度为_____,侧面的表面粗糙度为_____。

(3) 径向的尺寸基准是_____,轴向的尺寸基准是_____。

(4) 标记▷1：12表示_____。

(5) 图中尺寸$4 \times \phi30$表示带轮上共有_____个ϕ_____的_____。

(6) 左视图中的符号"="表示该图形的左、右_____。

(7) $\phi36H7$表示孔的基本尺寸为_____,最大极限尺寸为_____,最小极限尺寸为_____,上偏差为_____,下偏差为_____,公差为_____。

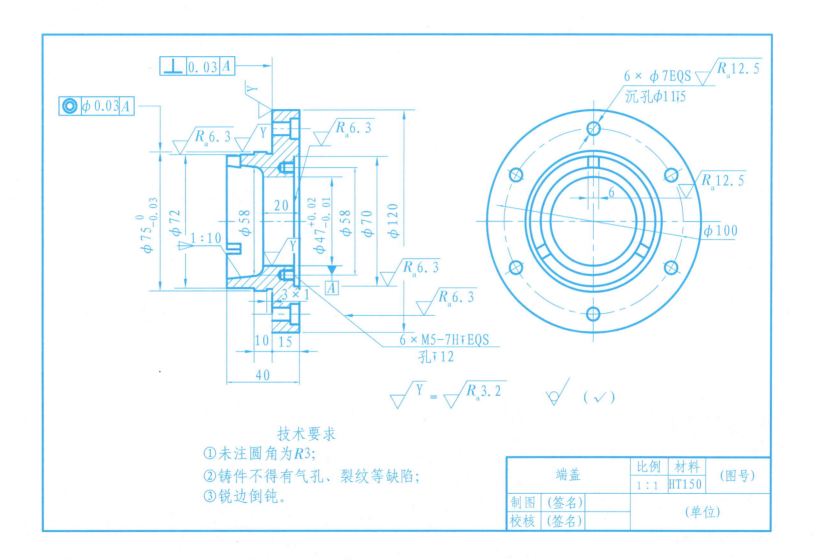

$$\sqrt{Y} = \sqrt{R_a 3.2}$$

$\sqrt{}$ （✓）

技术要求
① 未注圆角为R3;
② 铸件不得有气孔、裂纹等缺陷;
③ 锐边倒钝。

端盖	比例	材料	（图号）
	1:1	HT150	
制图	（签名）		（单位）
校核	（签名）		

2. 识读端盖零件图,并回答下列问题:

(1) 该零件名称是_____,所用材料为_____,其毛坯为_____,要求该毛坯不得有_____等缺陷。

(2) 该零件的_____视图采用了_____剖视来表达内部结构形状;通过_____视图表达端面圆的形状及_____的孔和槽。

(3) 径向的尺寸基准是零件的_____,轴向的主要定位基准是_____,确定 $6 \times \phi7$ 和 $4 \times M5 - 7H$ 孔的定位尺寸分别为_____和_____。

(4) 标有宽度为 6 的槽有_____个,深度为_____;剖视图中标有 3×1 的_____槽,其中 3 表示槽的_____尺寸,1 表示槽的_____尺寸。

(5) $\phi 47_{-0.01}^{+0.02}$ 最大可加工成_____,最小可加工成_____,其公差值为_____。若加工成 $\phi47$ 则_____(合格、不合格),若加工成 $\phi46.82$ 则_____(合格、不合格)。

(6) 标有 $4 - M5 - 7H$ 的孔表示的内容是_____。

(7) 图中的 ✓ 的意义是_____,机件加工要求最高的部位是_____。

(8) ⊥ 0.03 A 表示被测要素是_____,基准要素是_____,公差项目是_____,公差值是_____。

(9) ◎ $\phi0.03$ A 表示被测要素是_____,基准要素是_____,公差项目是_____,公差值是_____。

任务八　叉架类零件的识读

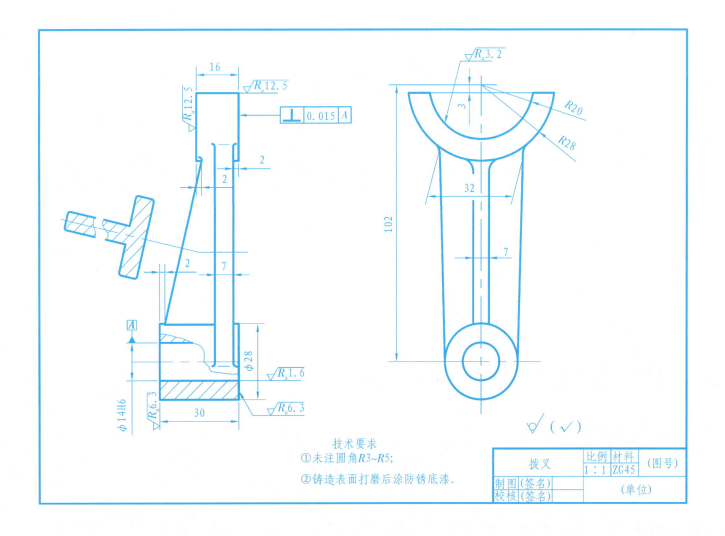

技术要求
①未注圆角R3~R5;
②铸造表面打磨后涂防锈底漆。

拨叉	比例	材料	(图号)
	1:1	ZG45	
制图(签名)		(单位)	
校核(签名)			

1. 识读拨叉零件图,并回答下列问题:

(1)该零件的名称是_____,属于_____类零件。

(2)该零件用了_____个图形表达,其中主视图采用了_____表达,主视图左边的图形叫_____,采用_____的剖切平面。

(3)φ14H6 的基本尺寸是_____,公差等级为_____,查表求出上偏差为_____,下偏差为_____。

(4)肋板的厚度为_____,肋板的表面粗糙度为_____。加工表面的粗糙度要求最高的是_____,有_____处,其次是_____,有_____处。

(5)⊥|0.015|A 的被测要素是_____,基准要素为_____,公差值为_____,公差项目是_____。

2. 识读上箱体零件图,并回答下列问题:

(1)该零件属于_____类零件,比例为_____,材料是_____。

(2)主视图采用了_____的表达方式,左视图采用了_____的表达方式,俯视图采用了_____的表达方式。

(3)底板上4个孔的定位尺寸是_____,_____,定形尺寸是_____,孔的表面粗糙度要求为_____。

(4)"Ⅰ"号部位所指为_____图。

(5)▱|0.02 的被测要素是_____,公差项目是_____,公差值是_____。

任务九　箱体类零件的识读

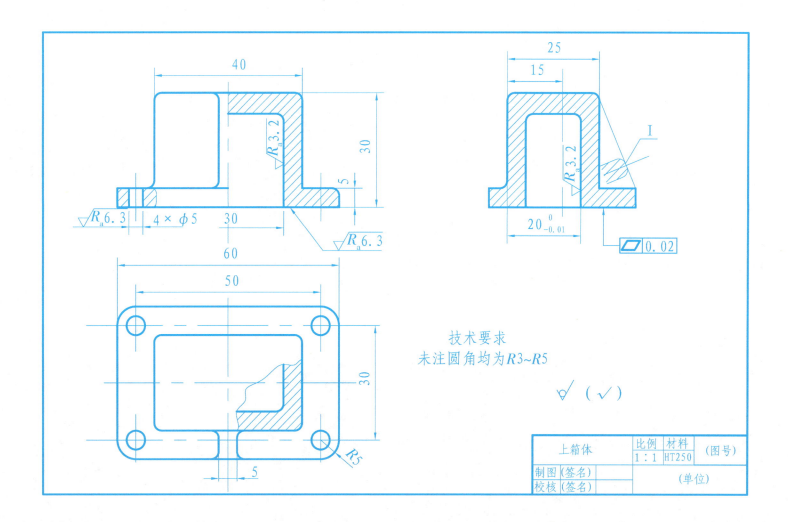

技术要求
未注圆角均为R3~R5

∀（✓）

上箱体	比例	材料	（图号）
	1：1	HT250	
制图(签名)			（单位）
校核(签名)			

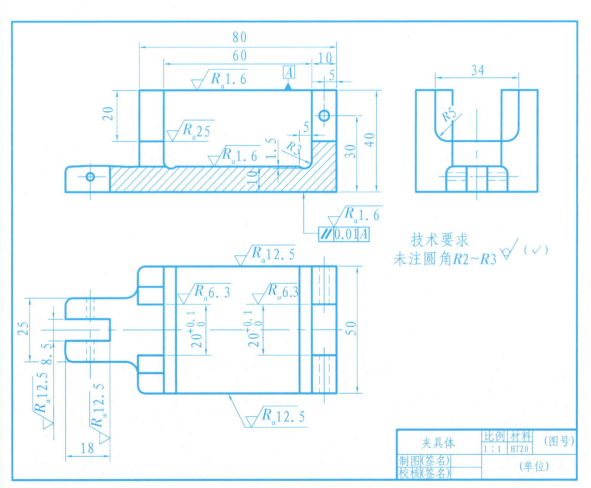

技术要求
未注圆角R2~R3

夹具体

	比例	材料	(图号)
	1:1	HT20	
制图(签名)			(单位)
校核(签名)			

识读夹具体零件图,并回答下列问题:

(1) 该零件共用＿＿＿＿＿＿个视图表达,其中主视图因机件＿＿＿＿＿＿,所以采用＿＿＿＿＿＿表达。

(2) 夹具体左端开口宽度是＿＿＿＿＿＿,深度是＿＿＿＿＿＿。

(3) 图中 $\phi 4$ 孔的定位尺寸是＿＿＿＿＿＿, ＿＿＿＿＿＿, $\phi 3$ 孔的定位尺寸是＿＿＿＿＿＿, ＿＿＿＿＿＿。

(4) 长度方向的主要尺寸基准是＿＿＿＿＿＿＿＿,宽度方向的主要尺寸基准是＿＿＿＿＿＿＿＿,高度方向的主要尺寸基准是＿＿＿＿＿＿。

(5) 已知两处 20 槽侧的对称度公差为 0.03 mm,在图中标出其位置公差。

任务十　零件测绘

根据轴测图,在 A4 纸上画出零件图。零件名称:底座。材料:ZG45。表面粗糙度要求:圆筒上端面 R_a 最大允许值为 3.2 μm;$\phi26$ 孔及 $\phi12$ 孔和锪平表面 R_a 最大允许值为 12.5 μm;底板下端面 R_a 最大允许值为 6.3 μm;其余部位均不加工。

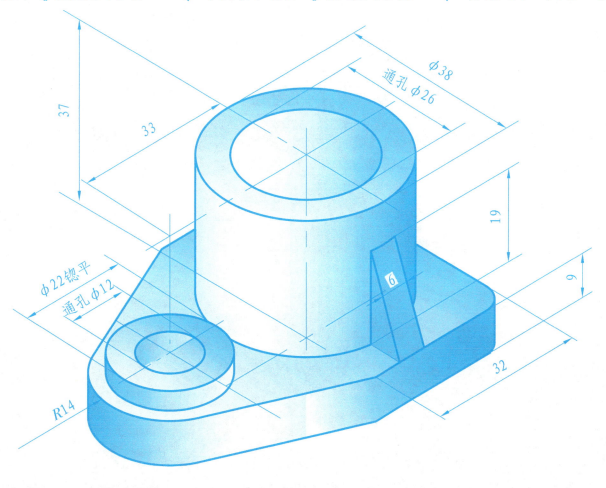

课题十四　装配图的识读

任务十六　识读装配图(任务十一至任务十五略)

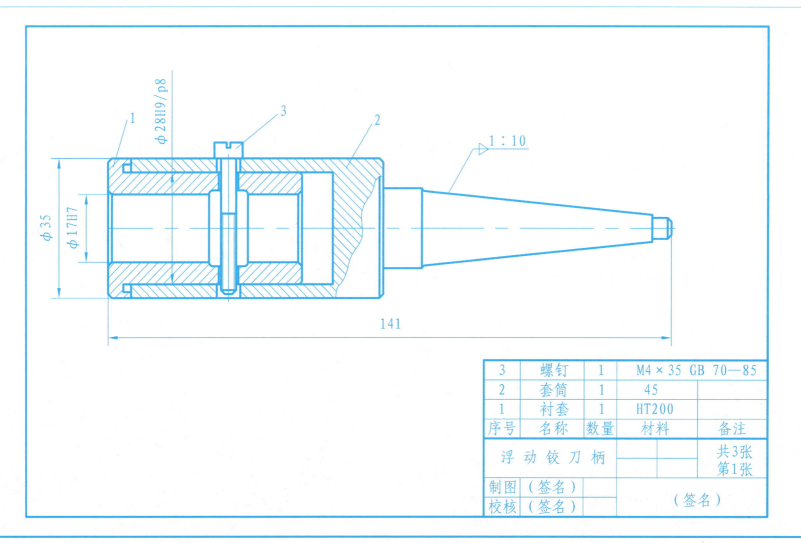

3	螺钉	1	M4×35 GB 70—85	
2	套筒	1	45	
1	衬套	1	HT200	
序号	名称	数量	材料	备注
浮动铰刀柄				共3张 第1张
制图	(签名)			(签名)
校核	(签名)			

1. 识读浮动铰刀柄装配图。

浮动铰刀柄:是孔加工中用于装夹铰刀的工具,识读图后回答下列问题:

(1) 本图用了＿＿＿＿＿＿个基本视图,表示共有＿＿＿＿＿＿个零件,其中有＿＿＿＿＿＿个标准件。

(2) 主视图采用了＿＿＿＿＿视图,以表达＿＿＿＿＿＿＿＿。

(3) 图中 $\phi 17H7$ 为＿＿＿＿＿＿尺寸,可装入柄部直径为＿＿＿＿＿＿的铰刀;尺寸 $\phi 28H9$ 是＿＿＿＿＿尺寸,锥度 $1:10$ 为＿＿＿＿＿,总体尺寸是＿＿＿＿、＿＿＿＿。

2. 识读滚齿夹具装配图。

该夹具是装夹齿轮的滚齿夹具,读图后回答下列问题:

(1) 本图有＿＿＿＿＿个图形表达。其中主视图为＿＿＿＿＿的剖切平面画出的＿＿＿＿＿视图,俯视图为＿＿＿＿＿视图,B 向为＿＿＿＿＿视图。

(2) 装配体共有＿＿＿＿＿个零件,其中标准件有＿＿＿＿＿个。

(3) 图中用双点画线表达的部分是＿＿＿＿＿＿＿＿。

(4) $\phi 102H7/h6$ 为＿＿＿＿＿尺寸的,表示＿＿＿＿＿和＿＿＿＿＿之间是＿＿＿＿＿配合。

(5) 夹具的外形尺寸是＿＿＿＿＿,＿＿＿＿＿,＿＿＿＿＿,18 和 $\phi 210$ 是＿＿＿＿＿尺寸。

(6) 拆绘 1 号、2 号、4 号及 6 号零件图。

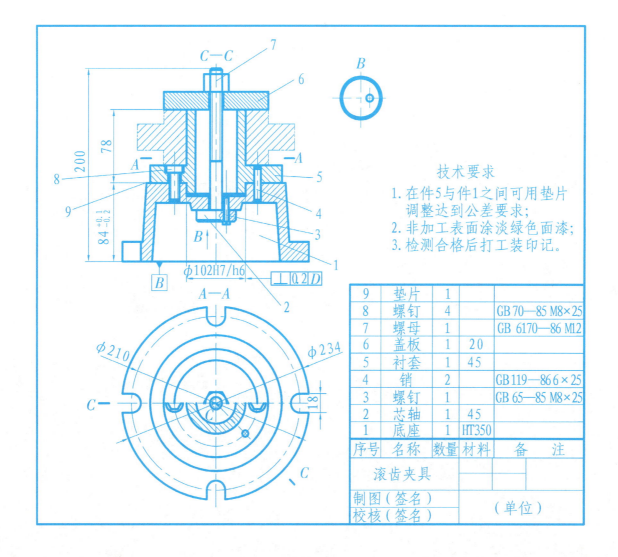

技术要求

1. 在件5与件1之间可用垫片
   调整达到公差要求；
2. 非加工表面涂淡绿色面漆；
3. 检测合格后打工装印记。

9	垫片	1		
8	螺钉	4		GB 70—85 M8×25
7	螺母	1		GB 6170—86 M12
6	盖板	1	20	
5	衬套	1	45	
4	销	2		GB 119—86 6×25
3	螺钉	1		GB 65—85 M8×25
2	芯轴	1	45	
1	底座	1	HT350	
序号	名称	数量	材料	备 注
	滚齿夹具			
制图（签名）				（单位）
校核（签名）				

阀门各零件的外形尺寸如下图所示,参照立体图绘制装配图。

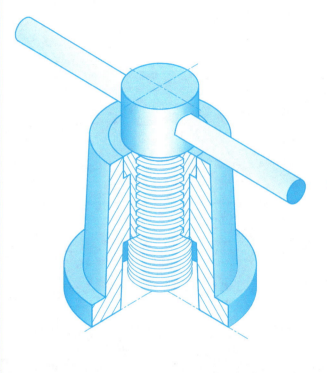

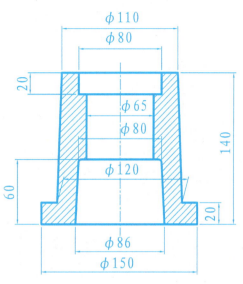

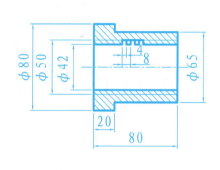

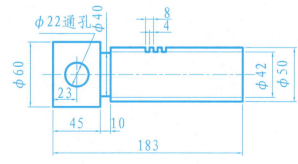

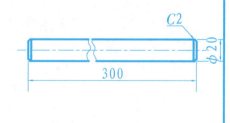

综合训练题一

1. 按 1:1 比例在右侧抄画下列平面图形。

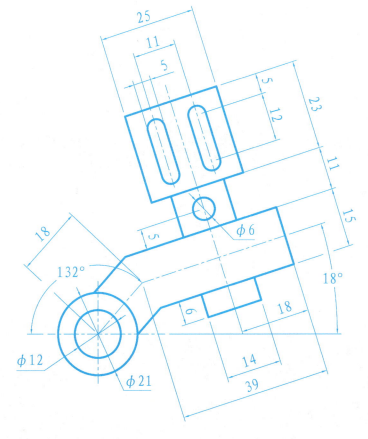

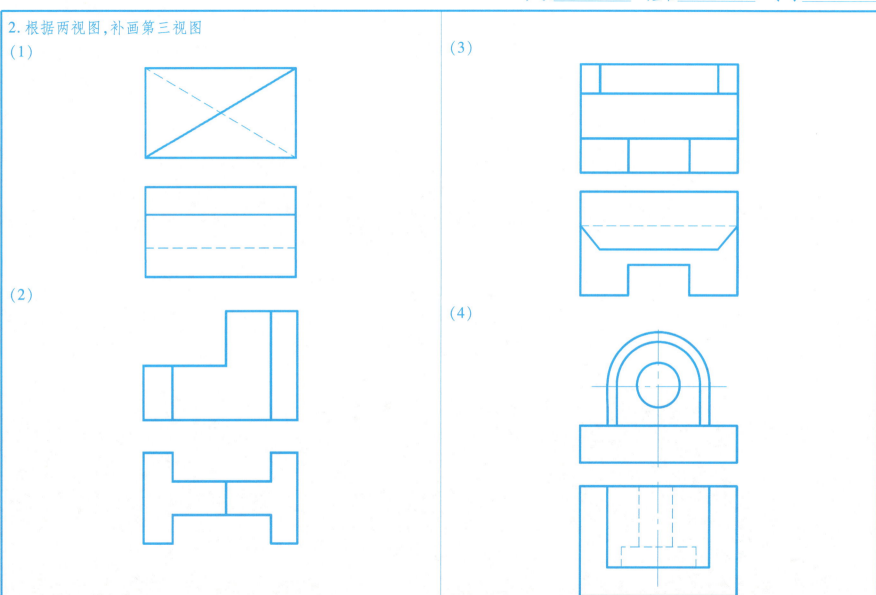

2. 根据两视图,补画第三视图

(1)

(2)

(3)

(4)

班级_____ 姓名_____ 学号_____

3. 补画下列视图中所缺图线。

(1)

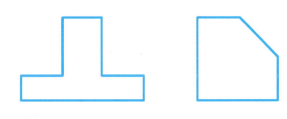

(2)

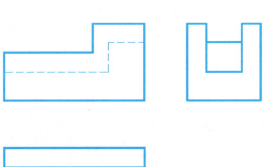

(3)

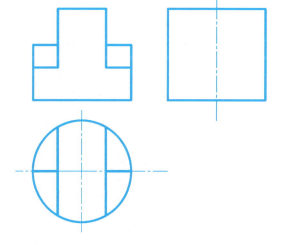

(4)

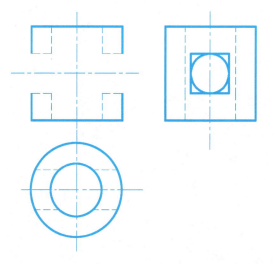

4. 将主视图改成全剖视图。

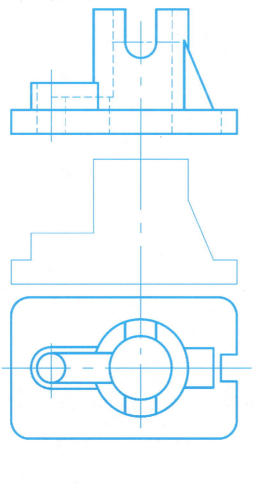

5. 将主视图改成半剖视图。

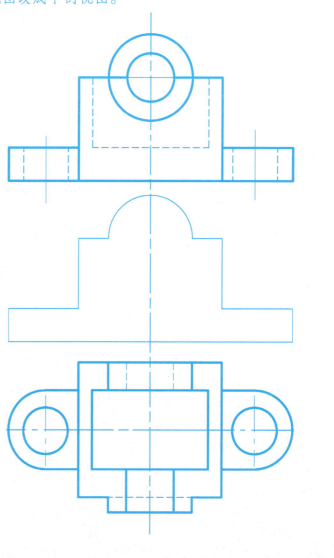

6.在指定位置画出移出断面图。

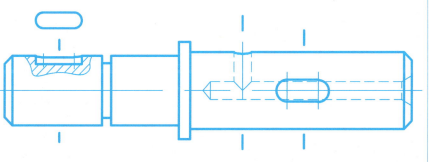

7.参照立体图,按尺寸标注要求,选定基准标注完整零件尺寸（尺寸数值由图中量取整数）。

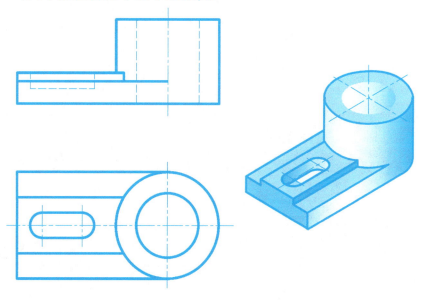

8. 改正下列螺纹连接的错误。

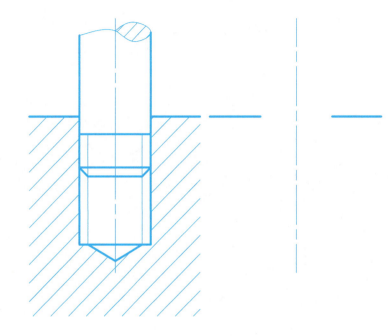

9. 按给定三视图,用 1∶1 比例画出正等轴测图。

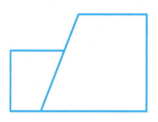 

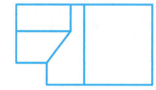

10. 识读泵盖零件图,并回答下列问题。

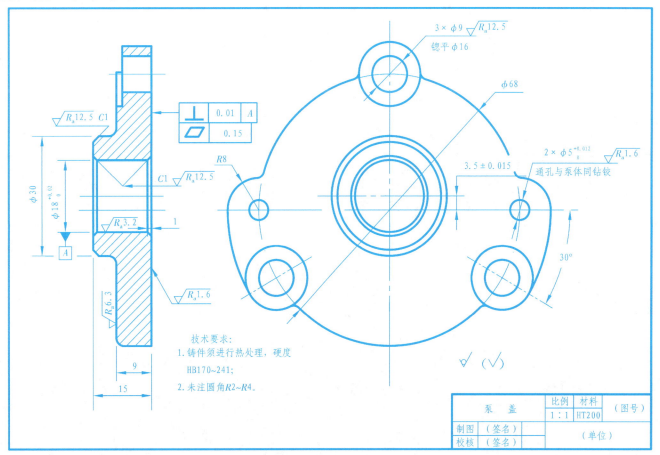

技术要求:
1. 铸件须进行热处理,硬度 HB170~241;
2. 未注圆角R2~R4。

泵　盖	比例	材料	（图号）
	1:1	HT200	
制图	（签名）		（单位）
校核	（签名）		

(1)该零件的名称是_____,材料是_____,其中 HT 表示_____,200 表示_____,比例是_____,属于_____比例。

(2)该零件用了_____个视图来表达,其中主视图采用了_____。

(3)图中 $\phi9$ 孔共有_____个,$\phi16$ 的含义是_____。

(4)尺寸 3.5 ± 0.015 的基本尺寸是_____,最大极限尺寸是_____,最小极限尺寸是_____,公差值是_____,属于_____偏差。

(5)该零件加工表面粗糙度 R_a 值要求最高的是_____,共有_____处;其次为_____,共有_____处;最低的是_____,共有_____处。

(6)图中框格 ⟋ | 0.015 | 为_____公差,表示被测要素为_____,公差项目为_____,公差值为_____。

(7)图中框格 ⊥ | 0.01 | 4 | 为_____公差,表示被测要素为_____,基准要素为_____,公差项目为_____,公差值为_____。

(8)未注圆角尺寸为_____,热处理后要达到_____。

综合训练题二

1. 按 1：1 比例在右侧抄画下列平面图形。

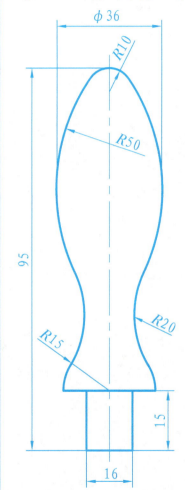

2.补视图。

(1)

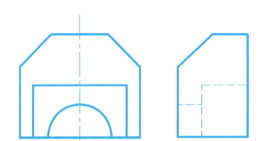

(2)

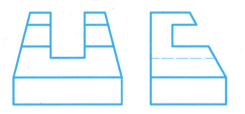

3.补缺线。

(1)

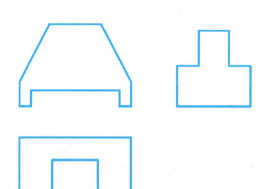

(2)

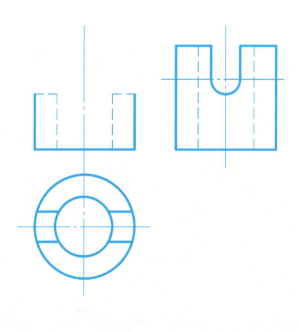

4.将主视图画成全剖视图。

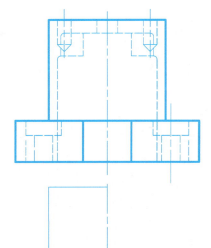

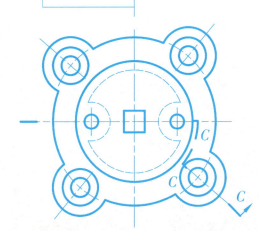

5.补全剖视图中的漏线。

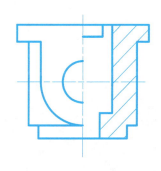
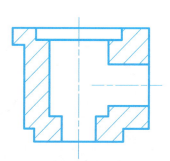

6. 在主视图指定的两处画重合断面图。

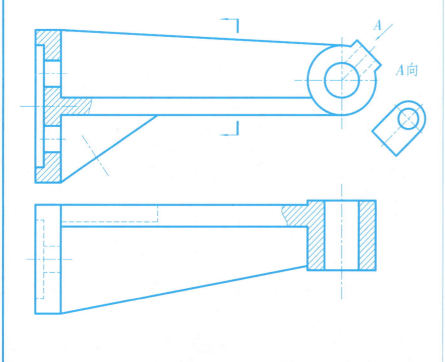

7. 按尺寸标注要求,选定基准标注完整零件尺寸(尺寸数值由图中量取整数)。

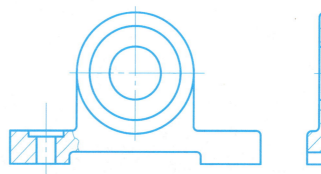
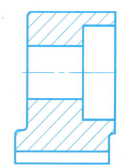
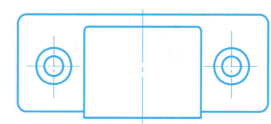

8. 画出指定位置的移出断面图并进行标注(左边键槽深 4 mm，右边键槽深 3 mm)。

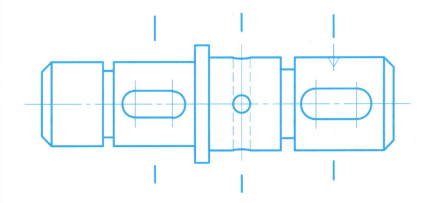

9. 按给定三视图，用 1:1 比例画出正等轴测图。

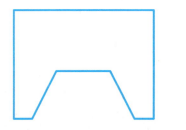

10. 识读零件图并回答下列问题：

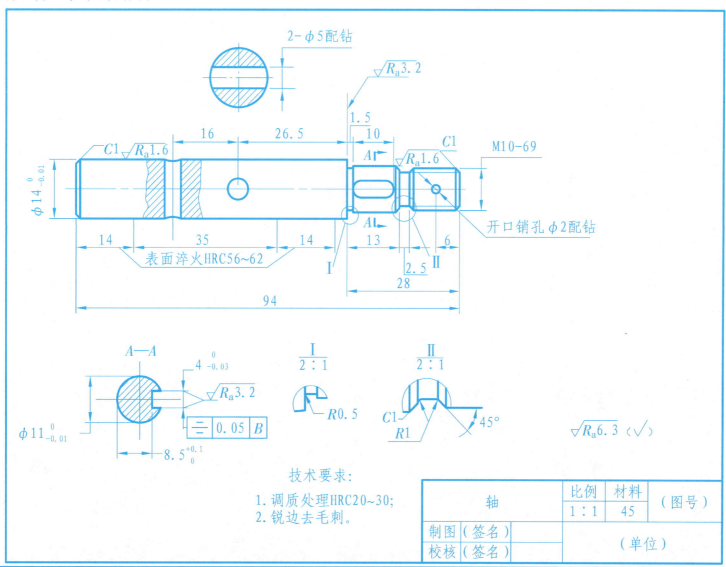

技术要求：
1. 调质处理HRC20~30;
2. 锐边去毛刺。

轴		比例	材料	（图号）
		1：1	45	
制图（签名）				
校核（签名）			（单位）	

(1) 该零件的名称是＿＿＿＿＿＿,比例是＿＿＿＿＿＿,材料是＿＿＿＿＿＿,属于＿＿＿＿＿＿钢。

(2) 该零件用了＿＿＿＿＿＿个视图来表达,其中主视图采用了＿＿＿＿＿＿,其余为＿＿＿＿＿＿图和＿＿＿＿＿＿图。

(3) 轴上键槽的长度是＿＿＿＿＿＿,宽度是＿＿＿＿＿＿,深度是＿＿＿＿＿＿,其定位尺寸是＿＿＿＿＿＿,两侧面的表面粗糙度要求为＿＿＿＿＿＿。

(4) 图中局部放大图Ⅰ所表示的结构是＿＿＿＿＿＿,Ⅱ所表示的结构是＿＿＿＿＿＿。

(5) $\phi14^{\ 0}_{-0.01}$ 的基本尺寸是＿＿＿＿＿＿,上偏差是＿＿＿＿＿＿,下偏差是＿＿＿＿＿＿,公差值为＿＿＿＿＿＿,如零件加工该尺寸到 $\phi13.97$,则＿＿＿＿＿＿(合格、返工、报废)。

(6) 解释 M10-6g 的含义:其中 M 表示＿＿＿＿＿＿,10 表示＿＿＿＿＿＿,螺距为＿＿＿＿＿＿,旋向为＿＿＿＿＿＿,6g 表示＿＿＿＿＿＿。

(7) 解释框格 $=|0.05|B$ 的含义:其中=表示＿＿＿＿＿＿,0.05 表示＿＿＿＿＿＿,B 表示＿＿＿＿＿＿。

(8) $\phi40$ 轴的两端需进行＿＿＿＿＿＿热处理,达到＿＿＿＿＿＿。

(9) 零件需进行＿＿＿＿＿＿热处理,达到＿＿＿＿＿＿。

课堂练习

项目一　识绘图的基本知识与技能

课题一　熟悉图样

任务一　认识绘图工具及其正确使用

抄画下列图形,做到能熟练地使用各种手工绘图工具。

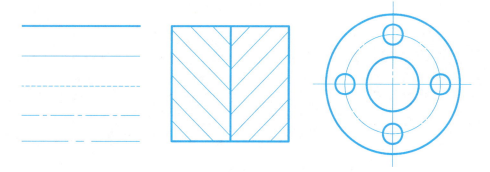

任务二　图纸幅面和标题栏

请用手工绘图工具在 A4 图纸上照下图画出图框线和标题栏。

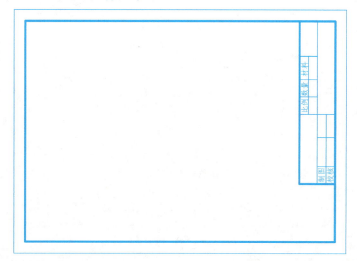

任务三　图样的字体和比例

1. 用长仿宋体抄写以下汉字、数字和字母。

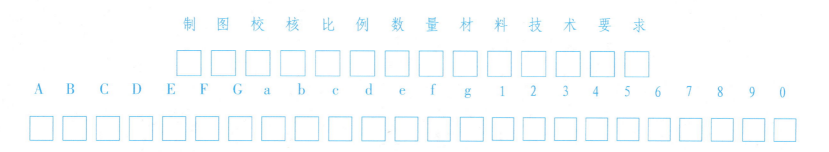

制　图　校　核　比　例　数　量　材　料　技　术　要　求

A　B　C　D　E　F　G　a　b　c　d　e　f　g　1　2　3　4　5　6　7　8　9　0

2. 按图中给定的尺寸,用1:1和1:2的比例抄画图形。

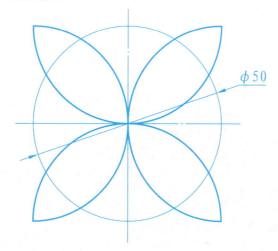

$\phi 50$

任务四　图样的线型

抄画下列图形。

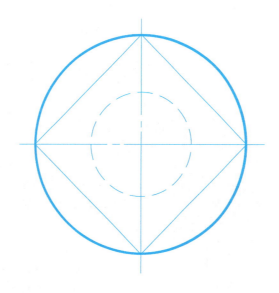

任务五　图样的尺寸

1. 用 1:1 的比例画出下列图形,并标注尺寸。

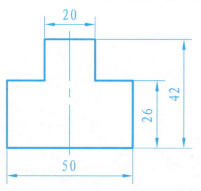

2. 改正下图中尺寸标注的错误。

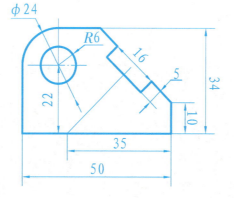

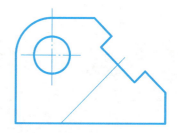

课题二　平面图形的画法

任务六　线段和圆的等分

1. 将下列线段 8 等分。

2. 作圆的内接正五边形。

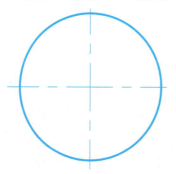

任务七　斜度和锥度的画法与标注

1. 按示意图作 1∶8 斜度图形并标注。

2. 按示意图作 1∶3 锥度图形并标注。

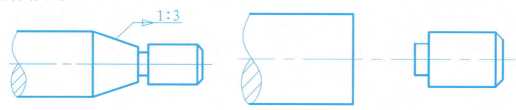

任务八　常见的三种圆弧连接

完成图形的线段连接(1:1),要求标出连接弧圆心和切点。

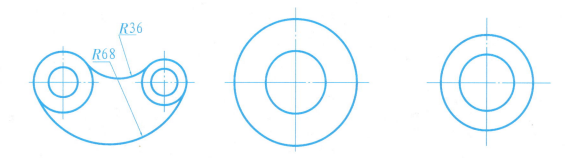

任务九　平面图形的识读分析与绘制

1. 分析下面平面图形中的线段和尺寸,并填空。

　　定形尺寸有:_____;定位尺寸有:_____

2. 用 A4 图纸抄画平面图形(1:1)。

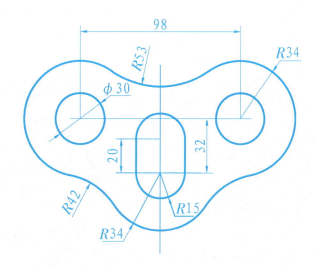

任务十　徒手绘图的方法

徒手画出下列平面图形(2:1)。

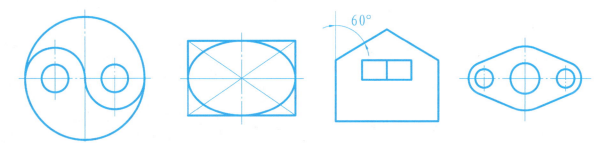

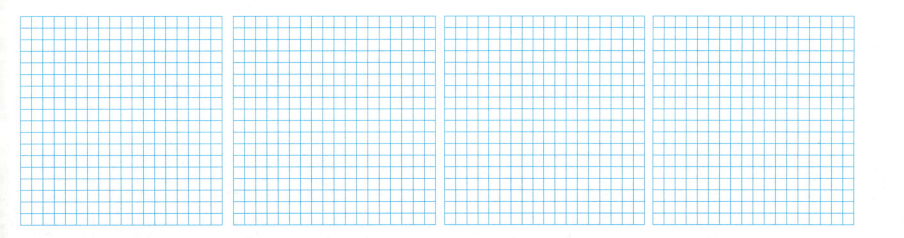

项目二 形体的三视图

课题三 投影基础

任务一 正投影的基本性质和三视图的投影规律

1. 正投影的基本性质是什么？
2. 正投影的投影规律是什么？
3. 在绘图过程中如何保证"宽相等"？
4. 在下图中填上正确的方位（前、后、左、右、上、下）。

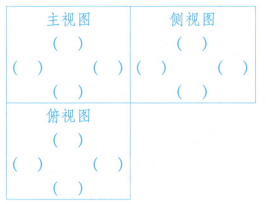

任务二 点的投影

1. 点的投影规律是什么？
2. 怎样判断空间两点的相对位置？
3. 已知点的两个投影，求其第三投影。

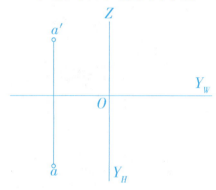

4. 已知空间点 $A(19,8,25)$ 的三个坐标，求其三面投影（单位为 mm）。

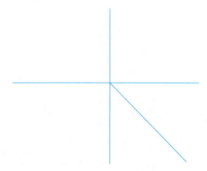

任务三　直线的投影

1. 空间直线对三个投影面的不同相对位置分为哪几种？
2. 直线的三面投影规律是什么？
3. 根据直线的两面投影作出第三面投影。

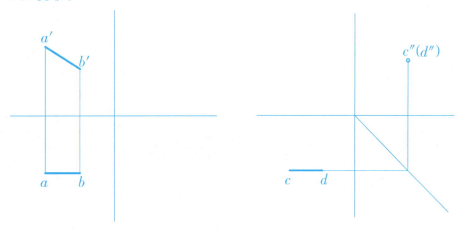

任务四　平面的投影

1. 平面的三面投影规律是什么？
2. 根据平面的两面投影作出第三面投影。

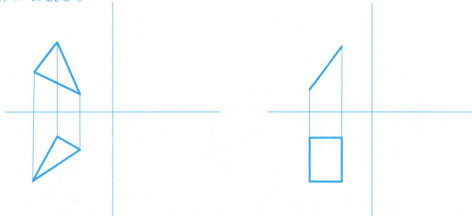

课题四 基本几何体及切口体视图的识读

任务五 棱柱的投影分析及表面上点的投影

求棱柱表面上点的其余投影。

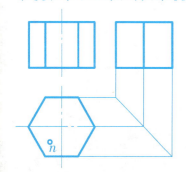

任务六 棱锥的投影分析及表面上点的投影

求棱锥表面上点的其余投影。

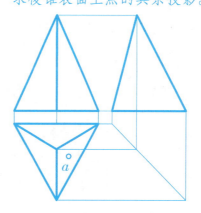

任务七 圆柱的投影分析及表面上点的投影

求圆柱表面上点的其余投影。

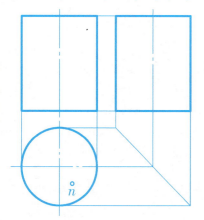

任务八 圆锥的投影分析及表面上点的投影

求圆锥表面上点的其余投影。

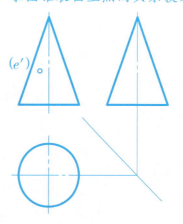

任务九　圆球的投影分析及表面上点的投影

求圆球表面上点的其余投影。

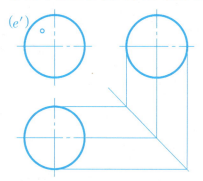

任务十　基本体的尺寸标注

绘制四棱柱的三视图并标注尺寸。

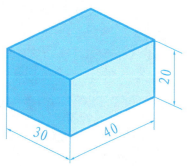

任务十一　棱柱体型切口体的投影分析

补全棱柱体型切口体的第三投影。

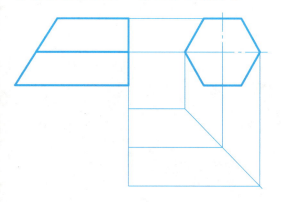

任务十二　棱锥体型切口体的投影分析

补全棱锥体型切口体的第三投影。

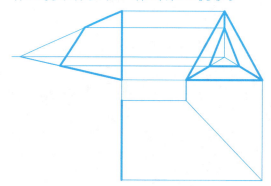

任务十三　圆柱体型切口体的投影分析

补全圆柱体型切口体的第三投影。

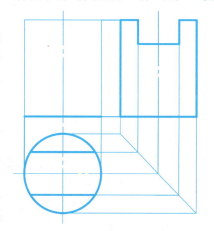

任务十四　圆锥体型切口体的投影分析

补全圆锥体型切口体的第三投影。

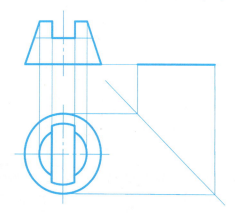

任务十五　圆球型切口体的投影分析

补全圆球型切口体的第三投影。

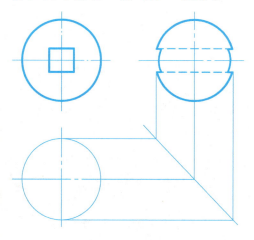

任务十六　识读基本几何体投影的综合实例

参照立体图,完成形体的三视图。

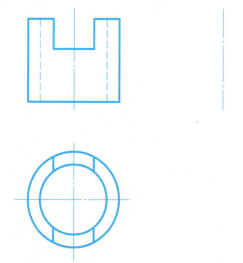

课题五 组合体视图的识读

任务十七 组合体的组合形式

指出下列组合体的组合形式。

任务十八 组合体视图的画法

画出组合体的三视图(尺寸从图中量取)。

任务十九 看组合体的视图

根据给定的两个视图,补画第三视图(有多种答案,至少画出两种)。

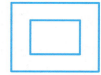

任务二十　组合体的尺寸标注

指出视图中重复或多余的尺寸(打×),标注遗漏的尺寸(不标注尺寸数字)。

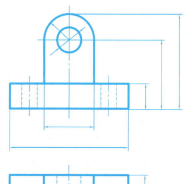

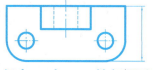

任务二十一　常见相贯体的投影及相贯线的简化画法

根据给定的两个视图,想象出相贯线的形状,并补画第三视图。

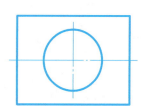

任务二十二　补视图和补缺线

1. 根据给定的两个视图,补画第三视图。

2. 根据已知视图想象出立体形状,补全三视图中所缺的图线。

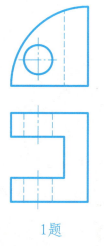

1题

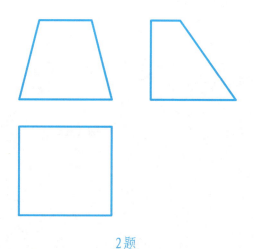

2题

项目三　轴测图

课题六　轴测图的画法
任务一　轴测图的基本知识

画出下列正等测和斜二测的坐标系(不标注角度)。

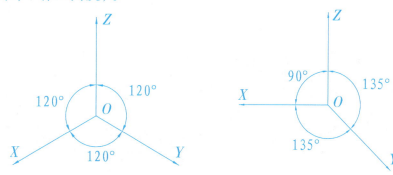

任务二　正等轴测图的画法

由视图画正等轴测图(1:1)。

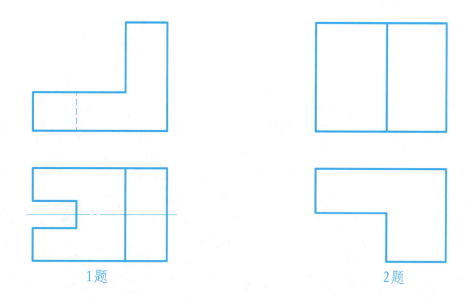

1题　　　　　　　　　　　　2题

任务三　斜二等轴测图的画法

由视图画斜二等轴测图(1:1)。

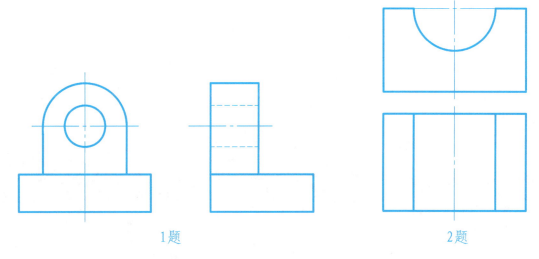

1题　　　　　　　　　　　2题

项目四　图样的基本表达方法

课题七　零件外部形状的表达

任务一　基本视图和向视图

选择正确的左视图和右视图,并作出 A 向视图。

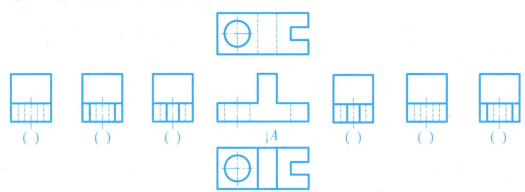

任务二　局部视图和斜视图

1. 选择正确的 *A* 向视图。

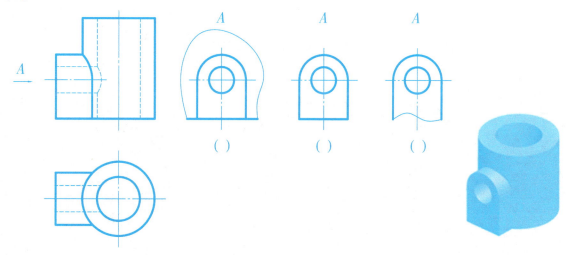

（　）　　　（　）　　　（　）

2. 作出图中所示方向的斜视图。

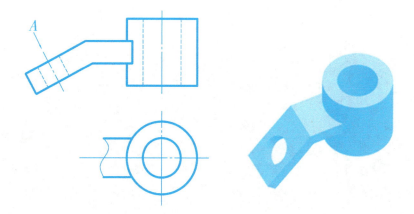

课题八　零件内部形状的表达

任务三　剖视图的形成及画法

根据立体图,把主视图改画成剖视图。

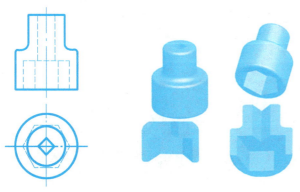

任务四　剖视图的种类

据立体图,把主视图改画成半剖视图。

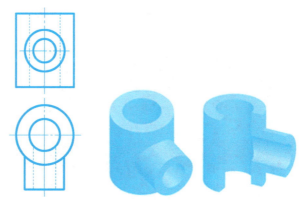

任务五　剖切面的种类

根据立体图,把主视图改画成全剖视图。

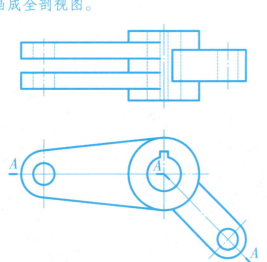

课题九　零件断面形状的表达

任务六　移出断面图的画法及识读

在指定位置作移出断面图(键槽深度从图中量取)。

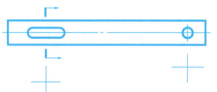

任务七　重合断面图的画法及识读

选择正确的重合断面图。

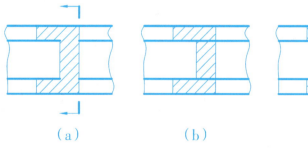

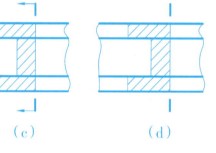

（a）　　　　　　（b）　　　　　　（c）　　　　　　（d）

课题十　局部放大图和简化画法的应用

任务八　局部放大图

在括号内填出局部放大图所对应的部位。

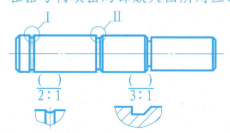

2：1　　　3：1

任务九　常用简化画法

用表达平面的画法规定重新表达下图所示的轴。

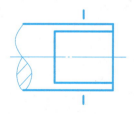

分析管接头的表达方法,回答后面的问题。

管接头的表达方法

主视图采用 B—B ＿＿＿＿＿＿＿剖,俯视图采用 A—A ＿＿＿＿＿＿＿剖,C—C 称为＿＿＿＿＿＿＿剖,E 和 F 称为＿＿＿＿＿＿＿视图。

项目五　常用零件的图形画法与识读

课题十一　零件标准结构的表达及画法

任务一　螺纹的形成及基本要素

说出螺纹在生活中应用的具体例子,左、右旋螺纹如何正确拧紧和旋松?

任务二　螺纹的规定画法

分析螺纹结构画法的错误,在指定位置画出正确的图形。

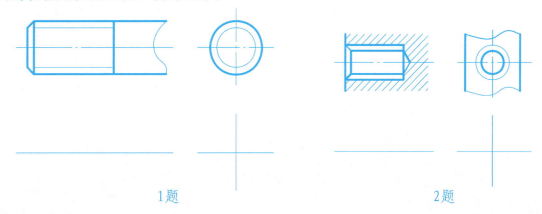

1题　　　　　　　　　　　　　　2题

任务三　常用螺纹紧固件及其连接

举例说明螺栓连接、双头螺柱连接和螺钉连接在日常生活中的应用情况。

任务四　螺纹的标注

在图上标注螺纹代号

1. 细牙普通螺纹，公称直径为 20 mm，螺距为 2 mm，左旋，中径和顶径的公差带代号同为 6g，短旋合长度。

2. 梯形螺纹，公称直径为 48 mm，螺距为 5 mm，双线，右旋，中径公差带代号同为 6h，长旋合长度。

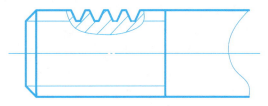

任务五　键联接和销联接

说出键联接和销联接在生活中的应用实例。

任务六　齿轮的基本知识

已知直齿圆柱齿轮的模数 $m=2$ mm，齿数 $z=40$，试计算齿轮的分度圆、齿顶圆和齿根圆的直径。

任务七　直齿圆柱齿轮的规定画法

已知一直齿圆柱齿轮的齿数 $z=40$
模数 $m=2$ mm，完成齿轮两视图(1:1)。

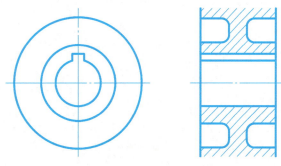

任务八 滚动轴承的画法

解释下列滚动轴承代号的含义。

(1)滚动轴承6308(GB/T 276—1994)   (2)滚动轴承30305(GB/T 276—1994)

内径:_____   内径:_____

轴承类型:_____   轴承类型:_____

任务九 弹簧的画法

说出生活中应用弹簧的实例。

任务十 零件上常见的标准工艺结构

说出零件上常见的标准工艺结构及其作用。

任务十一 零件上常见结构的尺寸标注法

按给定的条件,进行尺寸标注。

1.轴端倒角1 mm、45°。

2.退刀槽部分直径22、槽宽3 mm。

3.小孔直径6 mm,沉孔直径12 mm,沉孔深4 mm。

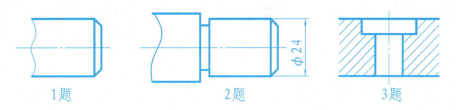

1题   2题   3题

课题十二　图样上的技术要求

任务一　零件图上技术要求的内容

分析下图零件的结构形状(右上角已剖切),选择最佳的视图表达方案,徒手画出草图(不注尺寸)。

任务二　极限与配合

读懂下列尺寸公差与配合的标注,完成题后填空。

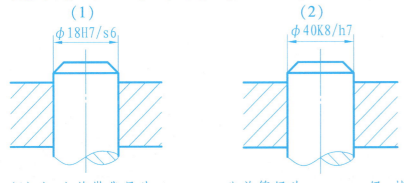

(1) 孔:公差带代号为_____,公差等级为_____级,基本偏差代号为_____,上偏差为_____,下偏差为_____,公差值为_____,最大极限尺寸为_____,最小极限尺寸为_____。

　　轴:公差带代号为_____,公差等级为_____级,基本偏差代号为_____,上偏差为_____,下偏差为_____,公差值为_____,最大极限尺寸为_____,最小极限尺寸为_____。$\phi18H7/s6$ 为基_____制的_____配合。

(2) $\phi40K8/h7$ 为基_____制的_____配合。

任务三　形状公差

解释图中形状公差各项目的含义。

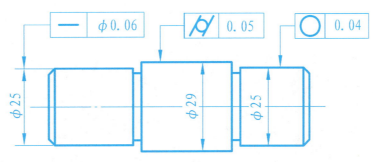

|—|$\phi0.06$|的含义:被测要素是_____,公差项目为_____,公差值是_____。

|—|0.05|的含义:被测要素是_____,公差项目为_____,公差值是_____。

|—|0.04|的含义:被测要素是_____,公差项目为_____,公差值是_____。

114

任务四　位置公差

解释图中位置公差各项目的含义。

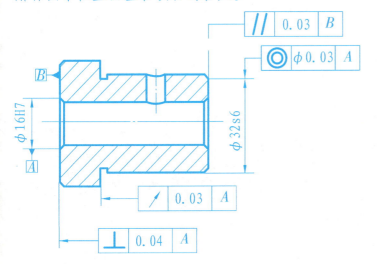

项目符号	公差项目名称	被测要素	基准要素	公差值
//				
◎				
/				
⊥				

任务五　表面粗糙度

在图中标注尺寸(按1:1从图中量取,取整数),按表中给出的 R_a 数值在图中标注表面粗糙度。

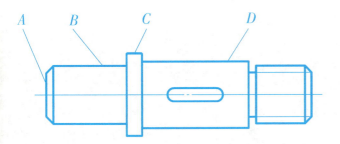

表面	A	B	C	D	其余
R_a	6.3	3.2	12.5	3.2	25

课题十三　零件图的识读

任务六　轴套类零件的识读

读懂主轴零件图,解答填空题。

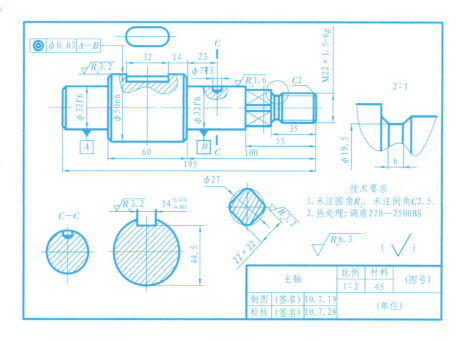

1. 该零件的名称为_____,属于_____类零件,材料选用_____钢,钢材种类为_____钢。

2. 零件图采用的比例为_____,其含义是_____。

3. 零件的结构形状共用_____个图形表达,其中主视图按_____原则放置画出,基本视图有_____个,主视图采用的剖切方法是_____剖,$C—C$ 称为_____图,2:1图形称为_____图。

4. 该零件上的键槽长度为_____,宽度为_____。

5. 零件上表面粗糙度共有_____级要求,最高的是_____,右面螺纹部分的表面粗糙度为_____。

6. 尺寸 $\phi32f6$ 的基本尺寸为_____,上偏差为_____,下偏差为_____,公差为_____。

7. 该零件径向尺寸基准是_____,轴向尺寸基准是_____。

任务七　轮盘类零件的识读

读懂倒档齿轮零件图,解答填空题。

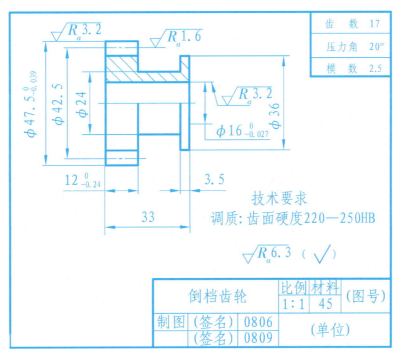

齿　数	17
压力角	20°
模　数	2.5

技术要求
调质:齿面硬度220—250HB

$\sqrt{R_a6.3}$ ($\sqrt{}$)

倒档齿轮	比例	材料	(图号)
	1:1	45	
制图 (签名)	0806		(单位)
(签名)	0809		

1. 该零件的名称为_____,属于_____类零件,材料选用_____钢,钢材种类为_____钢。

2. 零件图采用的比例为_____,其含义是_____。

3. 零件的结构形状共用_____个图形表达,基本视图有_____个,主视图称为_____视图。

4. 零件上表面粗糙度共有_____级要求,最高的是_____,齿轮内孔的表面粗糙度为_____。

5. 尺寸 $12^{0}_{-0.24}$ 的基本尺寸为_____,上偏差为_____,下偏差为_____,公差为_____。

6. 该零件径向尺寸基准是_____,轴向尺寸基准是_____。

117

任务八　叉架类零件的识读

读懂拨叉零件图,解答填空题。

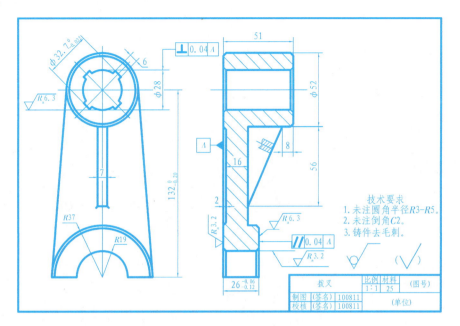

1.该零件的名称是_____,属于_____类零件。材料选用_____,绘图比例为_____。

2.零件图采用了_____个图形,左视图称为_____视图,采用的剖切方法是_____剖;主视图主要表达了拨叉的_____。

3.左视图里面的断面图名称为_____,表达了_____的结构。

4.零件上表面粗糙度共有_____级要求,最高的是_____,最低的是_____,拨叉肋板的表面粗糙度为_____。

5.尺寸 $26^{-0.06}_{-0.12}$ 的基本尺寸为_____,上偏差为_____,下偏差为_____,公差为_____。

6.形位公差标有_____处,其中 ⊥ 0.04 A 的含义是:_____。

7.该零件长度方向的尺寸基准是_____,高度方向的尺寸基准是_____。

118

任务九 箱体类零件的识读

读懂锉配凹凸体零件图,解答填空题。

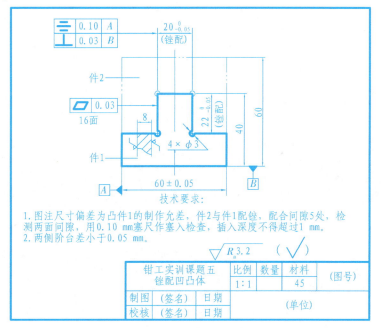

1.该零件图为钳工实训的一个课题图,课题名称是_____。

2.件1为_____件(填凹或凸),件2为_____件(填凹或凸)。应先加工件_____(填1或2),再加工件_____(填1或2)。

3.该凹凸体的材料是_____,厚度为_____。

4.尺寸$20^0_{-0.05}$中,基本尺寸是_____,最大极限尺寸是_____,最小极限尺寸是_____,公差是_____。

5.图中框格 $\boxed{\square}\,\boxed{0.03}$ 的含义是:_____度,允许误差为_____。

6.图中框格 $\boxed{\equiv}\,\boxed{0.10}\,\boxed{A}$ 的含义是:基准要素是_____,被测要素是_____,公差项目是_____,公差值是_____。

7.要锉削的表面表面粗糙度为_____。

8.解释图中代号 $\sqrt{}$ 的含义是_____。

任务十　零件测绘

1. 完成零件尺寸测量,画出零件草图。
2. 复查、补充和修改零件草图,绘制零件图。
3. 在"后记"栏填写测绘工作小结。

课题十四　装配图的识读

任务十一　装配图的作用、内容和视图选择

将下图所示的孔、轴和圆锥销,拼画成销联接的装配图。

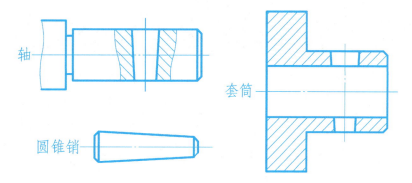

任务十二　装配体工艺结构

指出下列零件设计不正确的地方,并改正过来。

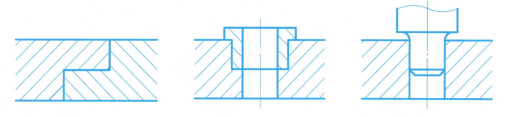

任务十三　装配图的画法

根据下图所示的一组紧固件,在右侧画出螺栓联接装配图(尺寸在图中量取)。

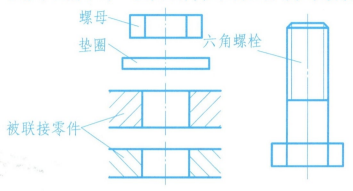

任务十四　装配图的尺寸标注和技术要求

装配图中标注哪些尺寸和技术要求?

任务十五　装配图的零件序号和明细栏

参照书上图6-27中的尺寸,画明细栏。

任务十六　识读装配图

无